清 华 电 脑 学 堂

After Effects

影视特效制作标准教程

全彩微课版　　杨添　张晓涵◎编著

清華大学出版社

北 京

内 容 简 介

本书以After Effects 2022为写作平台，以实际应用为指导思想，用通俗易懂的语言对After Effects影视后期制作软件的相关知识进行详细介绍。

全书共10章，内容涵盖After Effects基础入门、项目与合成、图层与关键帧、蒙版与形状、文字动画、调色滤镜、视频特效、粒子特效、光线特效以及抠像与跟踪技术的使用等。为了提高学习效率，书中穿插了"动手练"，结尾包含"案例实战"等。

全书结构编排合理，所选案例亦贴合影视后期实际需求，可操作性强。案例讲解详细，一步一图，即学即用，非常适合零基础的读者阅读和学习。

图书在版编目（CIP）数据

After Effects影视特效制作标准教程：全彩微课版 / 杨添, 张晓涵编著. —北京：清华大学出版社，2022.8
（2024.2重印）
（清华电脑学堂）
ISBN 978-7-302-61323-7

Ⅰ. ①A… Ⅱ. ①杨… ②张… Ⅲ. ①图像处理软件 Ⅳ. ①TP391.413

中国版本图书馆CIP数据核字（2022）第122354号

责任编辑：袁金敏
封面设计：杨玉兰
责任校对：徐俊伟
责任印制：杨 艳

出版发行：清华大学出版社
   网   址：https://www.tup.com.cn，https://www.wqxuetang.com
   地   址：北京清华大学学研大厦A座   邮 编：100084
   社 总 机：010-83470000   邮 购：010-62786544
   投稿与读者服务：010-62776969，c-service@tup.tsinghua.edu.cn
   质 量 反 馈：010-62772015，zhiliang@tup.tsinghua.edu.cn
   课 件 下 载：https://www.tup.com.cn，010-83470236
印 装 者：北京博海升彩色印刷有限公司
经 销：全国新华书店
开 本：185mm×260mm   印 张：14.5   字 数：374千字
版 次：2022年8月第1版   印 次：2024年2月第2次印刷
定 价：79.80元

产品编号：096696-02

前 言

编写目的

影视后期制作是一项细致且规模庞大的工作，包括剪辑、合成、特效制作、音视频处理等多个流程。合理的剪辑可以帮助读者厘清影片的脉络结构，把握影片的整体方向及内容；绚丽丰富的特效能够进一步完善和美化影片。

本书以理论与实际应用相结合的方式，从易教、易学的角度出发，详细地介绍影视后期制作相关软件的基本操作技能，同时也为读者讲解设计思路，让读者知晓如何分辨后期制作的优劣，提高读者的鉴赏能力。

本书特色

- **理论+实操，实用性强**。本书为疑难知识点配备相关的实操案例，使读者在学习过程中能够从实际出发，学以致用。
- **结构合理，全程图解**。本书采用全程图解的方式，让读者能够直观地看到每一步的具体操作。
- **疑难解答，学习无忧**。书中安排了"知识点拨"和"注意事项"，其内容主要针对实际操作中一些常见的快捷功能和操作要点，让读者能够高效处理在学习或工作中遇到的问题，同时举一反三地解决其他类似的问题。

内容概述

全书共10章，各章内容如下。

章	内容概括	难度指数
第1章	主要介绍After Effects的学前准备、After Effects的工作界面、常用首选项的设置、键盘快捷键的设置等	★☆☆
第2章	主要介绍项目文件的基础操作、素材的导入与管理、合成的创建与设置等	★★☆
第3章	主要介绍图层分类、图层的基本操作、编辑图层、图层的混合模式、图层的样式、图层的基本属性、关键帧的创建与设置、表达式及语法等	★★☆
第4章	主要介绍蒙版与形状的基础知识、蒙版工具、编辑蒙版属性、蒙版的混合模式等	★★★
第5章	主要介绍文字的创建与编辑、文本图层属性的设置、动画控制器的种类和应用等	★★☆
第6章	主要介绍"色彩校正"效果组中常用的一些调色滤镜	★☆☆
第7章	主要介绍"风格化""生成""模糊和锐化""透视""扭曲""过渡"等效果组中常用的一些特效滤镜	★★★
第8章	主要介绍一些常用的仿真粒子特效，包括"模拟"效果组中的特效，以及Particalar、Form外挂插件	★★★

章	内容概括	难度指数
第9章	主要介绍一些常用的光线特效，包括"生成"效果组中的特效，以及Shine、Starglow、Light Factory外挂插件	★★★
第10章	主要介绍一些抠像特效的应用以及运动与跟踪知识	★★☆

▌附赠资源

● **案例素材及源文件**。附赠书中所用到的案例素材及源文件，读者可扫描图书封底的二维码下载。

● **扫码观看教学视频**。本书涉及的疑难操作均配有高清视频讲解，共26个，总时长90分钟，读者可以边看、边学，提高学习效率。

● **作者在线答疑**。作者团队具有丰富的实战经验，随时随地为读者答疑解惑。在学习过程中如有任何疑问，可加QQ群（群号在本书资源下载包中）与作者联系交流。

▌适合读者群

本书主要适合以下读者学习使用：

● After Effects零基础的入门者；

● 从事影视动画、影视后期合成、影视特效的人员；

● 高等院校或培训机构的教师与学生。

本书在编写过程中力求严谨细致，但由于时间与精力有限，疏漏之处在所难免，望广大读者批评指正。

编　者

2022年5月

目 录

图层与关键帧

After Effects影视特效制作标准教程（全彩微课版）

蒙版与形状

文字动画

第6章　调色滤镜的应用

第7章　常用视频特效的应用

第8章 仿真粒子特效的应用

第9章 光线特效的应用

抠像与跟踪技术

第 1 章
After Effects 基础入门

After Effects是Adobe公司开发的一款视频剪辑及设计软件，被广泛应用于影视后期、广告等媒体行业。本章主要介绍After Effects的入门知识，包括影视后期的一些常用术语和常用文件格式、影视后期制作流程、After Effects的界面布局、首选项设置以及键盘快捷键设置等。

Ae 1.1 After Effects的学前准备

人们每天都在接受来自影视媒体的影响，如电视、电影、视频广告等，但对影视后期制作的知识知之甚少。读者在学习After Effects之前，首先要对其相关基础理论有一个整体和清晰的认识。

1.1.1 After Effects常用术语

After Effects有很多常用的专业术语，读者在学习之前应掌握各种术语的概念和意义，才能更好地学习After Effects。

1. 帧

帧是指每秒显示的图像数（帧数），是传统英式和数字视频中的基本信息单元。人们在电视中看到的活动画面，其实都是由一系列单个图片构成，这些图片高速连贯起来就成为活动的画面，其中的每一幅就是一帧。

2. 帧速率

帧速率就是视频播放时每秒渲染生成的帧数。电影的帧速率是24帧/秒；PAL制式的电视系统帧速率是25帧/秒；NTSC制式的电视系统帧速率是29.97帧/秒。

知识点拨

由于技术的原因，在NTSC制式的时间码与实际播放时间之间有0.1%的误差，达不到30帧/秒，为了解决这个问题，NTSC制式中设计了掉帧格式，这样就可以保证时间码与实际播放时间一致。

3. 帧尺寸

帧尺寸就是形象化的分辨率，是指图像的长度和宽度。PAL制式的电视系统的帧尺寸一般为720×576像素，NTSC制式的电视系统的帧尺寸一般为720×480像素，HDV的帧尺寸则是1280×720像素或者1440×1280像素。

4. 像素宽高比

不同规格的屏幕的像素长宽比是不一样的。在计算机中播放时，使用1∶1的像素比或方形像素比；在电视上播放时，使用的是D1/DV PAL的像素宽高比，以保证在实际播放时画面不变形。

5. 场

场是电视系统中的一个概念。交错视频的每一帧由两个场构成，被称为"上"扫描场和"下"扫描场，或奇场和偶场，这些场依顺序显示在NTSC或PAL制式的监视器上，能够产生高质量的平滑图像。场以水平线分割的方式保存帧的内容，在显示时先显示第一个场的交错间隔内容，然后再选择第二个场来填充第一个场留下的缝隙。也就是说，一帧画面是由两场扫描完成的。

6. 时间码

时间码是影视后期编辑和特效处理中视频的时间标准，通常用于识别和记录视频数据流中的每一帧，以便在编辑和广播中进行控制。根据动画和电视工程师协会使用的时间码标准，其格式为"小时:分钟:秒:帧"。

7. 电视制式

电视制式指传输电视信号所采用的技术标准。通俗地讲，电视制式就是电视台和电视机之间共同实行的一种处理视频和音频信号的标准，当标准统一时，即可实现信号的接收。彩色电视按其加进色度信号的不同，共有以下三种制式：

- NTSC制：美国、日本等国家使用。
- PAL制：中国、德国、英国等国家使用。
- SECAM制：法国、东欧等国家或地区使用。

8. 合成图像

合成图像是After Effects中的一个重要术语。在一个新项目中制作视频特效，首先需要创建一个合成图像，在合成图像中才可以对各种素材进行编辑和处理。合成图像以图层为操作的基本单元，可以包含任意多个任意类型的图层。每一个合成图像既可以独立工作，又可以嵌套使用。

9. 压缩编码

由于视频信号的传输信息量大，传输网络带宽要求高，如果直接对视频信号进行传输，以现在的网络带宽来看很难达到，所以要求在视频信号传输前先进行压缩编码，即视频源压缩编码，然后再传输，以节省带宽和存储空间。

▌1.1.2 After Effects常用文件格式

After Effects支持大部分的视频、音频、图像以及图形文件格式，还可以将记录三维通道的文件调入并进行修改。下面将对常用的文件格式进行介绍。

- **AVI：** 一种音视频交错格式，是视频编辑中经常用到的文件格式。优点是图像质量好，可以跨多平台使用；缺点是体积过于庞大，压缩标准不统一，常会遇到不同版本的文件不能播放的情况。
- **MPEG：** MPEG的平均压缩比为50∶1，最高可达到200∶1，压缩效率非常高，同时图像和声音的质量也很好，并且在计算机上有统一的标准格式，兼容性好。
- **WAV：** 微软公司开发的一种声音文件格式，采样频率为44.1kHz。该格式的声音文件和CD相差无几，也是目前计算机上使用较广的声音文件格式，几乎所有的音频编辑软件都可以导入WAV格式。
- **WMV：** 一种独立于编码方式的、在Internet上能够实时传播的多媒体技术标准，采用MPEG-4压缩算法，因此压缩率和图像的质量都不错。
- **MP4：** 在MP3的基础上发展起来的，其压缩比更大，文件更小，且音质更好，真正达到了CD的标准。
- **MP3：** 目前最流行的音频格式之一。MP3是指MPEG标准中的音频部分，也就是MPEG中的声音层。相同长度的音乐文件用*.MP3格式储存，其体积只有WAV的1/10，而音色基本不变。

- **BMP**：在Windows下显示和存储的位图格式。可以简单地分为黑白、16色、256色和真彩色等形式。大多采用RLE进行压缩。
- **AI**：Adobe Illustrator的标准文件格式，是一种矢量图形格式。
- **EPS**：封装的PostScript语言文件格式。可以包含矢量图形和位图图像，被所有的图形、示意图和页面排版程序所支持。
- **JPG**：静态图像标准压缩格式，支持上百万种颜色，不支持动画。
- **GIF**：8位（256色）图像文件，多用于网络传输，支持动画。
- **PNG**：作为GIF的免专利替代品，用于在World Wide Web上无损压缩和显示图像。与GIF不同的是，PNG格式支持24位图像，产生的透明背景没有锯齿边缘。
- **PSD**：Photoshop的专用存储格式，采用Adobe的专用算法，可以很好地配合After Effects进行使用。
- **TGA**：Truevision公司推出的文件格式，是一组由后缀为数字并且按照顺序排列组成的单帧文件组。被国际上的图形、图像行业广泛接受，已经成为数字化图像、光线追踪和其他应用程序所产生的高质量图像的常用格式。

1.1.3　影视后期制作流程

无论是制作简单的字幕动画、复杂的运动图形还是真实的视觉效果，都需要遵循基本的工作流程。

1. 创建项目与合成

开始每一个项目时，应该先恢复默认的项目参数，并创建一个符合需求的合成。没有项目合成的建立就无法正常进行素材的特效处理。用户既可以新建一个空白的合成，也可以根据素材新建包含素材的合成。

2. 素材剪辑

影片的剪辑又分为粗剪和精剪两种。粗剪即对素材进行整理，使素材按脚本的顺序进行拼接，形成一个包括内容情节的影片。精剪就是对粗剪的进一步加工，修改粗剪视频中不好的部分，然后加上一部分特效等，完成画面的剪辑工作。

对于所有的素材，用户可以修改其图层的任何属性，如位置、缩放、旋转、不透明度等。还可以使用动画关键帧和表达式，使图层属性的任意组合随着时间的推移而发生变化。

3. 添加特效

添加特效是影视后期中比较重要的步骤，它可以完善精剪影片中效果不好或未拍到的部分，也可以制作一些具有强烈视觉冲击力的画面效果。与三维软件结合可以做出一些超现实的作品。

4. 添加音乐

音乐可以增强画面的效果，揭示影片的内容与主题，使影片具有一定的节奏感。

5. 渲染输出

项目制作完成后，就可以进行视频的渲染输出。执行"文件"|"导出"|"添加到渲染队

列"命令，即可将合成加入渲染队列并进行渲染输出。

根据每个合成帧的大小、质量、复杂程度和输出的压缩方法，输出视频可能会花费几分钟甚至数小时的时间。当After Effects开始渲染项目时，就不能再使用该软件进行任何其他操作。

▌1.1.4 影视后期软件

影视后期制作分为视频合成和非线性编辑两部分，在编辑与合成的过程中，往往需要用到多个软件，如Adobe公司的After Effects、Premiere、Photoshop等，以及Corel公司的会声会影等。通过综合使用多个软件，可以制作出更绚丽的视频效果。下面针对这些软件进行介绍。

1. After Effects

After Effects是一款非线性特效制作视频软件，主要用于影视特效、栏目包装、动态图形设计等方面。After Effects可以帮助用户创建动态图形和精彩的视觉效果，和三维软件结合使用，可以使作品呈现更为酷炫的效果。

After Effects还保留着Adobe软件优秀的兼容性。After Effects可以非常方便地调入Photoshop和Illustrator的层文件；Premiere的项目文件也可以几乎完美地再现于After Effects中；After Effects还可以调入Premiere的EDL文件。

2. Premiere

Premiere Pro是一款非线性音视频编辑软件，主要用于剪辑视频，同时包括调色、字幕、简单特效制作、简单的音频处理等常用功能。它与Adobe公司的其他软件兼容性较好，多与After Effects配合使用。

3. Photoshop

Photoshop软件是一款专业的图像处理软件。该软件主要处理由像素构成的数字图像，在影视后期制作中，可以与After Effects、Premiere软件协同工作，满足日益复杂的视频制作需求。

4. 会声会影

会声会影是一款功能强大的视频编辑软件，具有图像抓取和编修功能，可以抓起和转换MV、DV、V8、TV以及实时记录抓取画面文件，并提供100多种编制功能和效果。该软件操作简单，功能丰富，适合家庭日常使用，相对于Adobe公司的Premiere、After Effects等视频处理软件，在专业性上略逊色。

Ae 1.2 After Effects的工作界面

After Effects拥有简洁、易上手的操作界面，对新手很友好。虽然界面简单，但其强大的视频制作、特效、预览等功能可以很好地满足用户在工作上的需求。

启动After Effects 2022，桌面上会出现一个启动界面，用于显示软件的加载进度。全新的明亮的启动界面带给用户不一样的感受，如图1-1所示。

启动成功后，系统会弹出"主页"面板，面板上有"新建项目""打开项目"按钮，如图1-2所示。

图 1-1

图 1-2

单击"新建项目"或"打开项目"按钮即可进入After Effects的工作界面。After Effects的工作界面主要由菜单栏、工具栏、"项目"面板、"合成"面板、"时间轴"面板以及各类其他面板组成，如图1-3所示。

图 1-3

1.2.1 菜单栏

菜单栏几乎是所有软件的重要界面元素之一，它包含软件全部的功能命令。After Effects的菜单栏包括"文件""编辑""合成""图层""效果""动画""视图""窗口"以及"帮助"9项菜单。

- **文件**："文件"菜单提供了关于项目文件的所有操作命令，包括新建、打开、关闭、另存为、导入/导出、查找、整理工程等。
- **编辑**："编辑"菜单提供对图层的所有操作命令，包括剪切、复制、粘贴、清除、拆分、提升/提取等，另外还有首选项设置、键盘快捷键设置等。
- **合成**："合成"菜单提供对合成的所有操作命令，包括新建合成、合成设置、添加到队列、预览、帧另存为等。
- **图层**："图层"菜单提供图层属性的所有操作命令，包括图层的蒙版、变换、时间、帧混合、混合模式、图层样式等，另外还有图层的创建与设置、图层的排列等。
- **效果**："效果"菜单提供After Effects中所有的效果，以及对效果的操作。

- **动画**："动画"菜单提供动画制作的操作命令，包括动画预设的操作、关键帧的操作、动画文本、表达式、跟踪运动等。
- **视图**："视图"菜单提供对"合成"面板的显示控制，包括视图的缩放、标尺的显示、参考线的显示、网格的显示、视图布局等。
- **窗口**："窗口"菜单中的命令主要用于控制工作区的布局设置，以及所有面板的显示和关闭。
- **帮助**："帮助"菜单提供关于After Effects的帮助网站、教程网站、表达式引用网站、用户论坛、账号登录等网站链接。

1.2.2　工具栏

工具栏为用户提供一些经常使用的工具按钮，包括"主页""选取工具""手形工具""缩放工具""旋转工具""形状工具""钢笔工具""文字工具"等，如图1-4所示。

图 1-4

其中部分工具图标含有多重工具选项，在其图标右下角有一个小三角形，单击它并按住鼠标不放即可看到隐藏的工具，如图1-5所示。

图 1-5

1.2.3　"项目"面板

After Effects中的所有素材文件、合成文件以及文件夹都可以在"项目"面板中找到。面板上方为素材的信息栏，包括名称、类型、大小、媒体持续时间、文件路径等；面板下方则可以右击进行新建合成、新建文件夹等操作，也可以显示或保存项目中的素材或合成。

当单击某一个素材或合成文件时，可以在"项目"面板上方看到其缩略图和属性，如图1-6所示。在"项目"面板下方的空白处右击，在弹出的快捷菜单中可以进行"新建"以及"导入"操作。

图 1-6

1.2.4　"合成"面板

"合成"面板用于显示当前合成的画面效果，该面板不仅具有预览功能，还具有控制、操作、管理素材、缩放窗口比例等功能，用户可以直接在该面板上对素材进行编辑。该面板是After Effects软件操作过程中非常重要的窗口之一，如图1-7所示。

图 1-7

1.2.5 "时间轴"面板

"时间轴"面板可以精确设置合成中各种素材的位置、时间、特效和属性等,进行影片的合成,还可以进行图层的顺序调整和关键帧动画的制作,如图1-8所示。

图 1-8

1.2.6 其他面板

还有一些面板存在于工作界面右侧,如"音频"面板、"效果和预设"面板、"对齐"面板、"字符"面板、"段落"面板等,如图1-9所示。由于界面大小有限,不能将所有面板完整展示,需要使用的时候只需单击面板标题即可打开相应的面板。

图 1-9

Ae 1.3 常用首选项的设置

通常，系统会按默认设置运行软件，但为了适应用户的制作需求，也为了使制作的作品能满足各种特技要求，用户可以利用"首选项"对话框进行一些基本设置。下面介绍一些常用的设置。

1. 常规

"常规"选项卡主要用于设置After Effects的运行环境，包括对手柄大小的调整以及整个系统协调性的设置，如图1-10所示。

图 1-10

2. 显示

切换至"显示"选项卡，在展开的列表中可设置项目的运动路径和相应的首选项，如图1-11所示。

图 1-11

3. 导入

切换至"导入"选项卡，在展开的列表中可设置静止素材、序列素材、自动重新加载素材等素材导入选项，如图1-12所示。

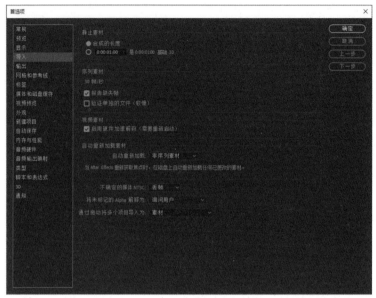

图 1-12

4. 媒体和磁盘缓存

After Effects对内存容量的要求较高，支持将磁盘空间作为虚拟内存使用。默认情况下其磁盘缓存文件夹位于系统盘，如果系统盘的磁盘空间不足，建议将其设置到空间充足的其他磁盘。

另外在使用一段时间后，软件会积累一定的缓存，造成软件运行卡顿等，用户可以通过"首选项"对话框清空磁盘缓存，以提高软件的操作速度。

"媒体和磁盘缓存"选项卡主要用于设置磁盘缓存、符合的媒体缓存以及XMP元数据等，如图1-13所示。

图 1-13

5. 外观

切换至"外观"选项卡，在展开的列表中设置相应的选项即可，如图1-14所示。

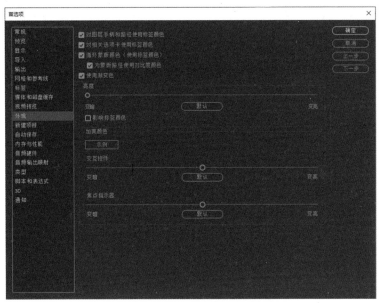

图 1-14

6. 自动保存

After Effects提供了自动保存功能，以防止系统崩溃时造成不必要的损失。在"自动保存"选项卡中可以设置"保存间隔"时间，系统将根据设定的时间自动对当前项目进行保存操作，如图1-15所示。

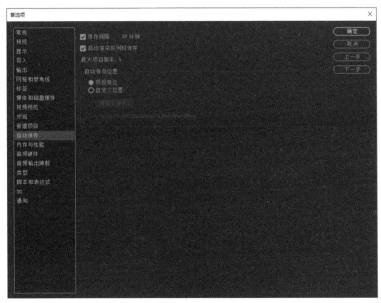

图 1-15

7. 音频硬件

在"音频硬件"选项卡中可以指定计算机的音频设备和设置，当连接音频硬件设备时，该类型设备的硬件设置（如设备类型、默认输出）将在该对话框中加载，如图1-16所示。

图 1-16

动手练 调整工作界面颜色

　　After Effects 的默认工作界面是暗灰色的，如果用户觉得不习惯，也可以适当调亮界面颜色。下面介绍利用首选项设置工作界面颜色的方法，具体操作步骤如下。

Step 01 初次启动After Effects，可以看到软件的默认界面颜色，如图1-17所示。

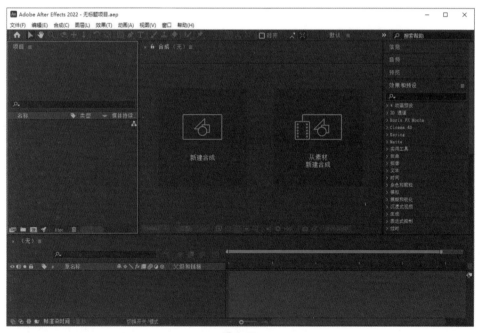

图 1-17

Step 02 执行"编辑"|"首选项"|"外观"命令，打开"首选项"对话框的"外观"选项板，如图1-18所示。

12

图 1-18

Step 03 选中"亮度"选项的滑块向右拖动，可以发现面板的颜色随着滑块的拖动变化，如图1-19所示。

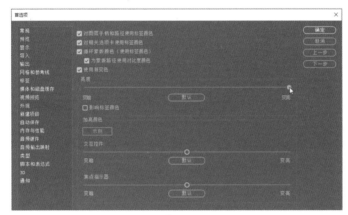

图 1-19

Step 04 单击"确定"按钮关闭对话框，就可以看到调整后的工作界面，如图1-20所示。

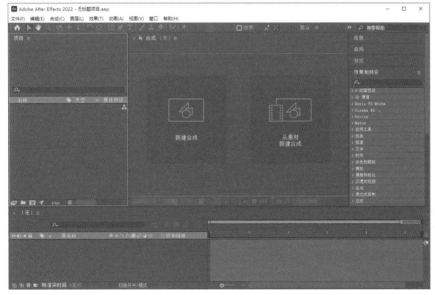

图 1-20

Ae 1.4 键盘快捷键的设置

键盘快捷键可提升任务速度，并让工作更有效率。当用户使用可视键盘快捷键编辑器设计键盘快捷键布局时，能够以可视方式工作。用户可以使用键盘用户界面查看已分配快捷键的键和可分配的键，以及修改已分配的快捷键。

执行"编辑"|"键盘快捷键"命令，打开"键盘快捷键"编辑器，如图1-21所示。该编辑器分为三部分，分别是键盘布局、命令列表、键修饰符列表。

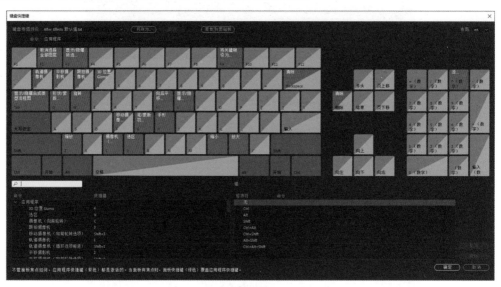

图 1-21

- **键盘布局**：硬件键盘的表示形式，用户可以在其中查看哪些键已分配了快捷键，以及哪些键可用。键盘布局默认显示应用程序范围的快捷键，这些快捷键的工作方式与选择哪个面板无关。
- **命令列表**：该列表显示可以分配快捷键的所有命令。当用户在键盘布局中为应用程序范围的命令选择键时，该键用蓝色焦点指示器显示轮廓。
- **键修饰符列表**：该列表显示与用户在键盘布局上选择的键相关联的所有修饰键组合和已分配的快捷键。

知识点拨

在"键盘快捷键"面板的键盘布局中，带有灰色阴影的键未被分配任何快捷键；带有紫色阴影的键被分配了应用程序范围的快捷键；带有绿色阴影的键被分配了面板特定的快捷键。

✦ 案例实战：自定义工作区

在使用After Effects时，用户要学会操作各种各样的面板，对于一些不常用的面板可以将其关闭，以简化工作界面。用户可以根据自己的使用习惯来编辑工作区并进行保存，再次启动时就可以直接选择自定义的工作区，具体操作步骤如下。

Step 01 启动After Effects应用程序，如图1-22所示。

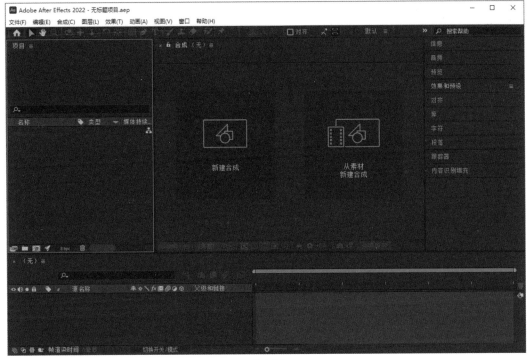

图 1-22

Step 02 从菜单栏中单击打开"窗口"菜单，如图1-23所示，在展开的列表中可以看到已勾选的面板项，需要关闭哪个面板，直接在菜单列表中取消勾选即可，如图1-24所示。

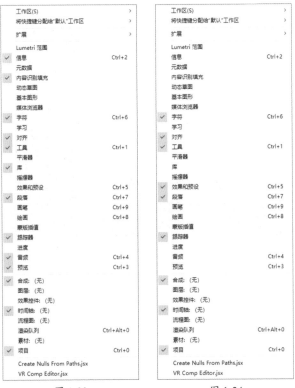

图 1-23　　　　　　　　　图 1-24

Step 03 设置后的工作界面如图1-25所示。

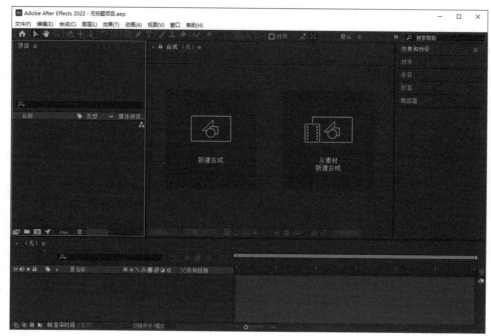

图 1-25

Step 04 执行"窗口"|"工作区"|"另存为新工作区"命令，弹出"新建工作区"对话框，输入新的工作区名称"我的工作区"，如图1-26所示。

Step 05 单击"确定"按钮即可创建新的工作区。重新启动After Effects，在工具栏右侧单击"展开"符号▶▶，在展开的列表中选择"我的工作区"选项即可，如图1-27所示。

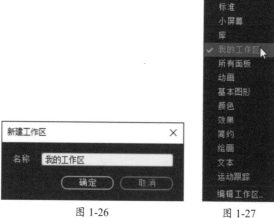

图 1-26   图 1-27

第2章
项目与合成

项目是存储在硬盘上的单独文件，其中存储了合成、素材等所有的信息。一个项目可以包含多个素材和多个合成，合成中的许多层是通过导入的素材创建的，还有些是在After Effects中直接创建的图形图像文件。本章将会介绍项目文件的基本操作、素材文件的基本操作以及合成的创建与设置等知识。

启动After Effects软件时，系统会创建一个项目，通常采用的是默认设置。如果用户要制作比较特殊的项目，则需新建项目并对项目进行更详细的设置。

2.1.1　新建项目

After Effects中的项目是一个文件，用于存储合成、图形及项目素材使用的所有源文件的引用。每次启动After Effects应用程序时，系统会自动建立一个新项目，同时建立一个项目窗口。

执行"文件"|"新建"|"新建项目"命令，或者按Ctrl+Alt+N组合键，即可快速创建一个采用默认设置的空白项目，如图2-1所示。

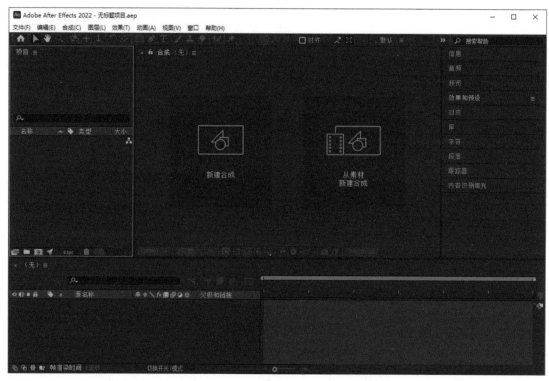

图 2-1

2.1.2　打开项目文件

在制作后期特效时，经常会打开已有的项目文件。After Effects为用户提供多种项目文件的打开方式，包括打开项目和打开最近的文件等方式。

1. 打开项目

执行"文件"|"打开项目"命令，系统会弹出"打开"对话框，如图2-2所示。选择要打开的项目文件，单击"打开"按钮即可将其打开。

图 2-2

2. 打开最近的文件

执行"文件"|"打开最近的文件"命令，在展开的菜单中选择具体项目名，即可打开最近使用的项目文件，如图2-3所示。

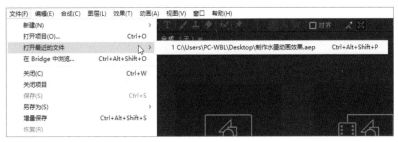

图 2-3

在工作中，常使用直接拖曳的方法打开文件。在文件夹中选择要打开的场景文件，然后按住鼠标左键并直接拖曳到After Effects的"项目"面板或"合成"面板，即可打开文件。

2.1.3 保存与备份项目

项目文件创建后，需要及时地将项目文件进行保存与备份，以防止软件在操作过程中意外关闭。

1. 保存项目

对于从未保存过的项目文件，执行"文件"|"保存"命令，或者按Ctrl+S组合键，系统会弹出"另存为"对话框，这里需要为项目文件指定文件名以及存储路径，如图2-4所示。

对于已经保存过的项目文件，操作后再次进行保存操作时会覆盖原有项目，并不会弹出对话框。

图 2-4

2. 另存为

如果要将当前项目文件以不同的名字保存到其他位置，可以执行"文件"|"另存为"|"另存为"命令，或者按Ctrl+Shift+S组合键，在弹出的"另存为"对话框中指定新的存储路径和名称即可。

3. 保存为副本

如果需要将当前项目文件保存为一个副本，则可以依次执行"文件"|"另存为"|"保存副本"命令，在弹出的"保存副本"对话框中设置保存名称和位置，单击"保存"按钮即可，如图2-5所示。

图 2-5

4. 保存为 XML 文件

当需要将当前项目文件保存为XML编码的文件时，依次执行"文件"|"另存为"|"将副本另存为XML"命令，在弹出的"副本另存为XML"对话框中设置保存名称和位置，单击"保存"按钮即可，如图2-6所示。

图 2-6

Ae 2.2 素材的导入与管理

一个项目可以包含多个素材和多个合成，合成中的许多层是通过导入的素材创建的。素材是After Effects的基本构成元素，其类型包括动态视频、静帧图像、静帧图像、音频文件、分层文件等。

2.2.1 导入素材

素材是项目文件最基本的构成元素，除了依靠内置的矢量图形功能增加动态效果之外，用户也可以导入一些外部素材来丰富动画素材。

1. 导入单个或多个素材

用户可以导入的素材文件格式有很多，导入方法也基本相同。执行"文件"|"导入"|"文件"命令，系统会弹出"导入文件"对话框，从中选择需要导入的文件即可，如图2-7所示。如果要依次导入多个素材文件，可以配合使用Ctrl键进行素材的多选。

图 2-7

除了使用菜单栏命令，用户还可以通过以下方法导入素材。

- 按Ctrl+Alt+I组合键。
- 在"项目"面板右击，在弹出的快捷菜单中选择"导入"|"文件"命令。
- 在"项目"面板中双击。
- 选择素材文件或文件夹，直接拖曳至"项目"面板。
- 执行"文件"|"在Bridge中浏览"命令，运行Adobe Bridge并浏览素材，双击需要的素材，即可将其导入"项目"面板（计算机中需要安装Adobe Bridge软件）。

2. 导入序列文件

如果导入的素材为一个序列文件，需要在"导入文件"对话框中勾选"序列"选项，这样就可以以序列的方式导入素材，最后单击"打开"按钮即可完成导入操作。

如果只需要导入序列文件的一部分，可以在勾选"序列"选项后，框选需要导入的部分素材，再单击"导入"按钮。

3. 导入 Premiere 项目文件

可以直接导入Premiere的项目文件，会自动为其创建一个合成，并以层的形式包含Premiere项目文件中的所有素材。

执行"文件"|"导入"|"导入Adobe Premiere Pro项目"命令，弹出"导入Adobe Premiere Pro项目"对话框，从中选择Premiere项目文件，如图2-8所示。单击"打开"按钮，系统会弹出"Premiere Pro导入器"对话框，勾选"导入音频"复选框，单击"确定"按钮，即可将其导入After Effects中，如图2-9所示。

图 2-8

图 2-9

4. 导入含有图层的素材

导入Photoshop的PSD文件和Illustrator的AI文件这类含有图层的素材文件时，After Effects可以保留文件中的所有信息，包括层的信息、Alpha通道、调整层、蒙版层等。用户可以选择以"素材"或"合成"的方式进行导入，如图2-10所示。

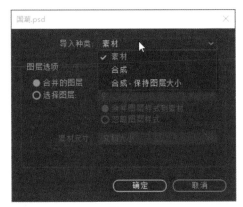

图 2-10

注意事项 当以"合成"方式导入素材时，After Effects会将整个素材做为一个合成。在这里原始素材的图层信息可以得到最大限度的保留，用户可以在此基础上再次制作一些特效和动画。如果以"素材"方式导入素材，用户可以选择以"合并的图层"的方式将原始文件的所有图层合并后再一起导入，也可以以"选择图层"的方式选择某些图层作为素材导入。选择单个图层作为素材导入时，可以设置导入的素材尺寸。

2.2.2 管理素材

在实际工作中，"项目"面板中通常会有大量的素材，为了便于管理，可以根据其类型和使用顺序对导入的素材进行一系列的管理操作，例如：排序素材、归纳素材和搜索素材。这样不仅可以快速查找素材，还能使其他制作人员明白素材的用途，在团队制作中能起到至关重要的作用。

1. 排序素材

在"项目"面板中，素材的排列方式是以"名称""类型""大小""文件路径"等属性进行显示。如果用户需要改变素材的排列方式，则需要在素材的属性标签上单击，即可按照该属性进行升序排列。如图2-11、图2-12所示分别为按名称和大小排序的素材列表。

图 2-11

图 2-12

2. 归纳素材

归纳素材是通过创建文件夹，并将不同类型的素材分别放置到相应文件夹中，是按照划分类型归类素材的方法。

执行"文件"|"新建"|"新建文件夹"命令，或者单击"项目"面板底部的"新建文件夹"选项按钮，即可创建文件夹，如图2-13所示。此时，系统默认为文件夹重命名状态，直接输入文件夹名称，并将素材拖入到文件夹中即可，如图2-14所示。

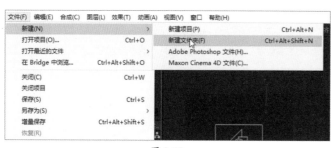

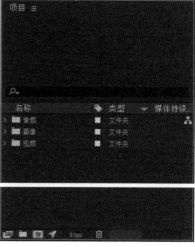

图 2-13　　　　　　　　　　　　　　　　图 2-14

3. 搜索素材

当素材非常多时，如果想要快速找到需要的素材，只要在搜索框中输入相应的关键字，符合该关键字的素材或文件夹就会显示出来，其他素材将会自动隐藏。

2.2.3　替换素材

在进行视频处理的过程中，如果导入的素材不理想，也可以通过替换素材的方式来修改。

在"项目"面板中右击要替换的素材，在弹出的快捷菜单中选择"替换素材"|"文件"命令，如图2-15所示；在弹出的"替换素材文件"对话框中选择要替换的素材，单击"导入"按钮即可，如图2-16所示。

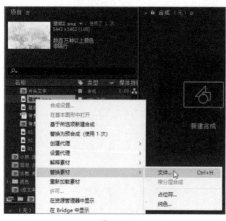

图 2-15　　　　　　　　　　　　　　　　图 2-16

替换素材时，如果不在"替换素材文件"对话框中取消勾选"ImportterJPEG序列"复选框，则"项目"面板中两个素材会同时存在，无法完成素材的替换。

2.2.4 代理素材

代理是视频编辑中的重要概念与组成元素。在编辑影片的过程中，为了加快渲染显示，提高编辑速度，可以使用一个低质量的素材代替编辑。

占位符是一个静帧图片，以彩条方式显示，其原本的用途是标注丢失的素材文件。占位符会在以下两种情况中出现：

- 不小心删除了硬盘中的素材文件，"项目"面板中的素材会自动替换为占位符，如图2-17所示。
- 选择一个素材，右击，在弹出的快捷菜单中选择"替换素材"|"占位符"命令，也可以将素材替换为占位符，如图2-18所示。

图 2-17

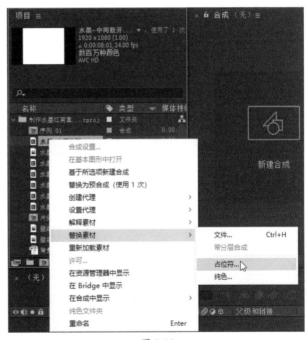

图 2-18

动手练 更换丢失的素材

打开某些工程文件时，系统会提示素材丢失，且丢失的部分显示为彩色占位符。本案例将介绍如何更换丢失的素材，具体操作步骤如下。

Step 01 打开准备好的项目文件，会发现该项目中丢失了几个素材文件，在"项目"面板和"合成"面板中显示为占位符，如图2-19、图2-20所示。

图 2-19 　　　　　　　　　　　　　　　　图 2-20

Step 02 在"合成"面板中右击丢失的文件素材，在弹出的快捷菜单中选择"替换素材"|"文件"命令，如图2-21所示。

Step 03 弹出"替换素材文件"对话框，选择准备好的替换文件，并取消勾选"ImporterJPEG序列"复选框，如图2-22所示。

图 2-21 　　　　　　　　　　　　　　　　图 2-22

Step 04 单击"导入"按钮将新的素材导入，并适当调整素材位置，如图2-23所示。

Step 05 按照此方法替换其他丢失的素材，如图2-24所示。

图 2-23 　　　　　　　　　　　　　　　　图 2-24

Ae 2.3　合成的创建与设置

合成是影片的框架，包括代表诸如视频和音频素材项目、动画文本和矢量图形、静止图像以及光之类的组件的多个图层。此外，合成的作品不仅能够独立使用，还可以作为素材使用。

2.3.1　新建合成

创建合成，既可以通过命令创建空白合成，也可以通过素材文件创建包含素材的合成。

1. 创建空白合成

执行"合成"|"新建合成"命令，或者单击"项目"面板底部的"新建合成"按钮，弹出"合成设置"对话框，从中设置相应选项即可，如图2-25、图2-26所示。

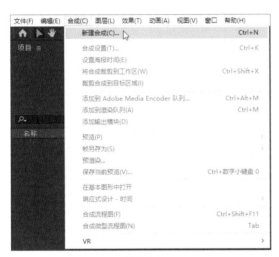

图 2-25

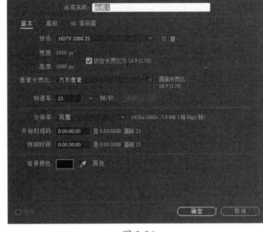

图 2-26

"合成设置"对话框中除了"基本"参数面板，还有"高级""3D渲染器"两个面板，如图2-27、图2-28所示。

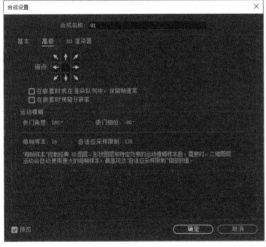

图 2-27

图 2-28

各参数面板中的参数介绍如下。

- **开始时间码或开始帧**：分配给合成的第一个帧的时间码或帧编号。
- **背景颜色**：使用色板或吸管可选取合成背景颜色。
- **锚点**：在调整图层的形状时，单击某个箭头按钮将图层锚定到合成的一角或边缘。
- **快门角度**：单位为度，模拟旋转快门所允许的曝光。
- **快门相位**：单位为度，定义一个相对于帧开始位置的偏移量，用于确定快门何时打开。
- **每帧样本**：最小采样数。
- **自适应采样限制**：最大采样数。
- **渲染器**：可以从列表中为合成选择正确的渲染器。

2. 基于单个素材新建合成

当"项目"面板中导入外部素材文件后，还可以通过素材建立合成。在"项目"面板中选中某个素材，右击，在弹出的快捷菜单中选择"基于所选项新建合成"命令，或者将素材拖至"项目"面板底部的"新建合成"按钮即可，如图2-29、图2-30所示。

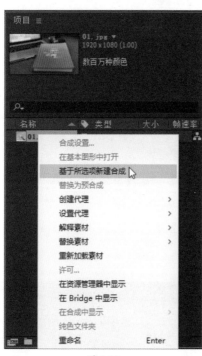

图 2-29　　　　　　　　　　　　图 2-30

3. 基于多个素材新建合成

在"项目"面板中同时选择多个文件，执行"文件"|"基于所选项新建合成"命令，或将多个素材拖至"项目"面板底部的"新建合成"按钮上，系统将弹出"基于所选项新建合成"对话框，如图2-31、图2-32所示。对话框中各参数含义介绍如下。

- **使用尺寸来自**：选择新合成，从中获取合成设置的素材项目。
- **静止持续时间**：将要添加的静止图像的持续时间。
- **添加到渲染队列**：将新合成添加到渲染队列中。

- **序列图层：** 按顺序排列图层，可以选择使其在时间上重叠，设置过渡的持续时间以及选择过渡类型。

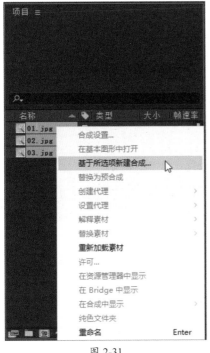

图 2-31

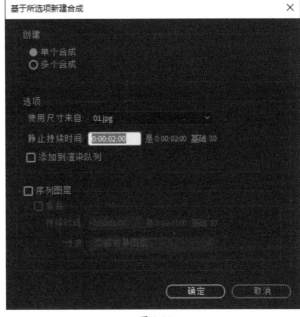

图 2-32

2.3.2 设置合成参数

在"合成设置"对话框中，用户可以手动设置合成参数，或者使用预设将帧大小（长度和宽度）、像素长宽比以及帧速率自动设置为多种常见输出格式，也可以创建并保存属于自己的自定义合成预设。

知识点拨

　　如果创建合成后，想要重新修改合成参数，可以选择该合成，执行"合成"|"合成设置"命令，或者按Ctrl+K组合键，弹出"合成设置"对话框，重新设置参数即可。

　　用户可以随时更改合成设置，但考虑到最终输出，最好是在创建合成时指定帧的长宽比和帧大小等参数。

2.3.3 嵌套合成

合成的创建是为了视频动画的制作，对于效果复杂的视频动画，还可以将合成作为素材放置在其他合成中，从而形成视频动画的嵌套合成效果。

1. 认识嵌套合成

嵌套合成是一个合成包含在另一个合成中，显示为包含的合成中的一个图层。嵌套合成又称为预合成，由各种素材以及合成组成。

2. 生成嵌套合成

用户可通过将现有合成添加到其他合成中的方法来创建嵌套合成。在"时间轴"面板选择单个或多个图层并右击，从弹出的快捷菜单中选择"预合成"命令，系统会弹出"预合成"对话框，可以设置嵌套合成名称等，如图2-33、图2-34所示。

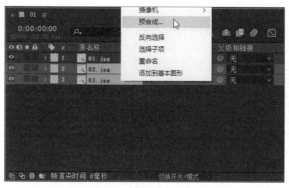

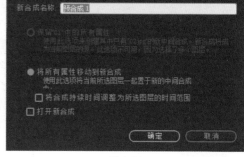

图 2-33　　　　　　　　　　　　　　　　　　　　图 2-34

动手练　修改合成参数

在创建合成后，如果用户想要再次修改合成参数，可以通过以下操作进行。

Step 01 打开准备好的项目文件，在"合成"面板中可以预览视频效果，如图2-35所示。

Step 02 执行"合成"|"合成设置"命令，弹出"合成设置"对话框，当前合成设置如图2-36所示。

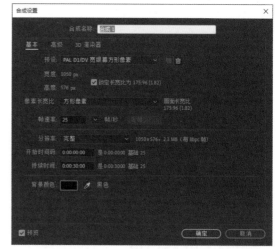

图 2-35　　　　　　　　　　　　　　　　　　　　图 2-36

Step 03 重新选择预设模式，设置"持续时间"为10s，再单击"背景颜色"后的色块，设置新的背景颜色，如图2-37、图2-38所示。

Step 04 单击"确定"按钮会看到重新设置后的"合成"面板，如图2-39所示。

Step 05 选择视频素材图层，按Ctrl+Shift+Alt+H组合键，使素材高度适配到合成高度，效果如图2-40所示。

图 2-37

图 2-38

图 2-39

图 2-40

案例实战：创建第一个项目文件

本案例将利用本章所学的知识创建一个项目文件，具体操作步骤如下。

Step 01 启动After Effects应用程序，系统会自动新建项目。

Step 02 执行"合成"|"新建合成"命令，弹出"合成设置"对话框，选择"预设"模式为"HDTV 1080 24"，"像素长宽比"为"方形像素"，"持续时间"为10s，如图2-41所示。

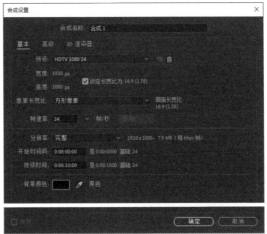

图 2-41

Step 03 单击"确定"按钮关闭对话框，即可创建合成，如图2-42所示。

图 2-42

Step 04 在"合成"面板空白处双击，弹出"导入文件"对话框，选择准备好的多个素材文件，取消勾选"多个序列"复选框和"创建合成"复选框，如图2-43所示。

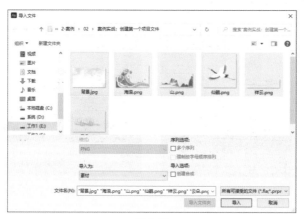

图 2-43

Step 05 单击"导入"按钮，将所选素材导入"合成"面板，如图2-44所示。

Step 06 将"背景"素材拖入"时间轴"面板，此时可以在"合成"面板中看到背景效果，如图2-45所示。

图 2-44

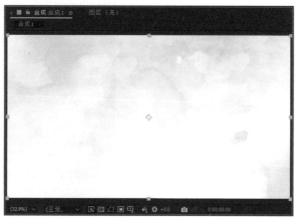

图 2-45

Step 07 将背景素材与其他素材全部选中，拖入"时间轴"面板，在"时间轴"面板中调整图层顺序，如图2-46、图2-47所示。

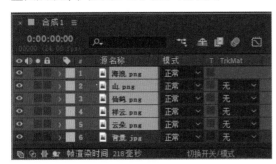

图 2-46

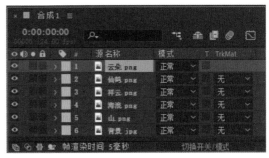

图 2-47

Step 08 选择素材图层，在"合成"面板中按住Shift键调整素材的大小，并调整位置，如图2-48所示。

图 2-48

Step 09 选择"云朵"素材图层，按Ctrl+D组合键再复制两个图层，调整云朵的大小和位置，最终的项目效果如图2-49所示。

图 2-49

读书笔记

第3章
图层与关键帧

　　After Effects是一个层级式的影视后期处理软件，所以"层"的概念贯穿整个项目操作过程。图层是构成合成的基本元素，既可以存储类似Photoshop图层中的静止图片，也可以存储动态视频。本章将详细介绍图层的类型、属性、创建方法、混合模式以及图层的基本操作等内容。

Ae 3.1 图层分类

除了导入图像、视频、音频、序列等素材外，After Effects还可以创建不同类型的图层，如文本图层、纯色图层、灯光图层、摄像机图层、空对象图层、形状图层、调整图层等。

1. 素材图层

素材图层是After Effects中最常见的图层，将图像、视频、音频等素材从外部导入After Effects软件中，然后添加到"时间轴"面板，会自然形成图层，用户可以对其进行移动、缩放、旋转等操作。

2. 文本图层

使用文本图层可以快速地创建文字，并对文本图层制作文字动画，还可以进行移动、缩放、旋转及透明度的调节。

3. 纯色图层

用户可以创建任何颜色和尺寸（最大尺寸可达30000×30000像素）的纯色图层，纯色图层和其他素材图层一样，可以创建遮罩，也可以修改图层的变换属性，还可以添加特效。纯色图层主要用来制作影片中的蒙版效果，同时也可以作为承载编辑的图层。

4. 灯光图层

灯光图层主要用来模拟不同种类的真实光源，而且可以模拟出真实的阴影效果。

5. 摄像机图层

摄像机图层常用来起到固定视角的作用，并且可以制作摄像机动画，模拟真实的摄像机游离效果。

6. 空对象图层

空对象图层可以在素材上进行效果和动画设置，以起到制作辅助动画的作用。

7. 形状图层

形状图层可以制作多种矢量图形效果。在不选择任何图层的情况下，使用"蒙版"工具或"钢笔"工具可以直接在"合成"窗口中绘制形状。

8. 调整图层

调整图层可以用来辅助影片素材进行色彩和效果调节，并且不影响素材本身。调整图层可以对该层以下的所有图层起到作用。

9. Photoshop 图层

执行"图层"|"新建"|"Adobe Photoshop文件"命令，也可以创建Photoshop文件，不过这个文件只是作为素材显示在"项目"面板，其文件的尺寸大小和最近打开的合成大小一致。

Ae 3.2 图层的基本操作

利用图层功能，不仅可以放置各种类型的素材对象，还可以对图层进行一系列的操作，以查看和确定素材的播放时间、播放顺序和编辑情况等，这些都需要在"时间轴"面板中进行操作。

3.2.1 创建图层

执行合成操作时，导入合成图像的素材都会以层的形式出现。当制作一个复杂效果时，往往会应用到大量的层，下面分别介绍集中创建图层的方法。

1. 创建新图层

执行"图层"|"新建"命令，在展开的子菜单中选择需要创建的图层类型，即可创建相应的图层，如图3-1所示。或者在"时间轴"面板的空白处右击，在弹出的快捷菜单中选择"新建"命令，并在子菜单中选择所需图层类型，如图3-2所示。

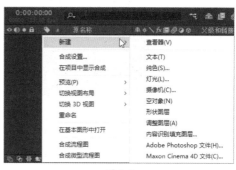

图 3-1

图 3-2

在创建部分类型的图层时，系统会弹出对话框，用于设置图层参数。

（1）创建纯色图层

执行"图层"|"新建"|"纯色"命令，弹出"纯色设置"对话框，在该对话框中可以设置纯色图层的名称、大小、像素长宽比及颜色等参数,如图3-3所示。

（2）创建灯光图层

执行"图层"|"新建"|"灯光"命令，弹出"灯光设置"对话框，在该对话框中可以设置灯光的名称、类型、颜色、强度、角度、羽化、投影等参数，如图3-4所示。

图 3-3

图 3-4

（3）创建摄像机图层

在创建摄像机图层之前，系统会弹出"摄像机设置"对话框，用户可以设置摄像机的名称、焦距等参数，如图3-5所示。

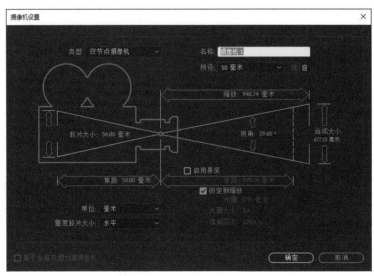

图 3-5

2. 根据导入的素材创建图层

用户可以根据"项目"面板中的素材创建图层。在"项目"面板中右击素材文件，在弹出的快捷菜单中选择"基于所选项新建合成"命令，即可创建一个新的合成，如图3-6所示。

图 3-6

知识点拨

将素材放置到"时间轴"面板的方式如下。
- 将"项目"面板中的素材直接拖曳至"时间轴"面板。
- 将"项目"面板中的素材直接拖曳至"合成"面板。
- 在"项目"面板中选中素材，按Ctrl+? 组合键。

3.2.2 选择图层

在对素材进行编辑之前，需要先将其选中，在After Effects中，用户可以通过以下多种方法选择图层。

- 在"时间轴"面板中单击选择图层。
- 在"合成"面板中单击想要选中的素材，在"时间轴"面板中可以看到其对应的图层已被选中。
- 在键盘右侧的数字键盘中按图层对应的数字键，即可选中对应的图层。

用户还可以通过以下方法选择多个图层。

- 在"时间轴"的空白处按住鼠标并拖动，框选图层。
- 按住Ctrl键的同时，依次单击图层即可加选。
- 单击选择起始图层，按住Shift键的同时再单击选择结束图层，即可选中起始图层和结束图层及其之间的图层。

3.2.3 管理图层

除了创建图层、选择图层外，用户还可以对图层进行一些管理操作，如复制图层、删除图层、重命名图层。

1. 复制图层

在项目制作过程中，常常需要复制图层，用户可以通过以下方式复制图层。

- 在"时间轴"面板中选择要复制的图层，执行"编辑"|"复制"和"编辑"|"粘贴"命令即可复制粘贴图层。
- 选择要复制的图层，分别按Ctrl+C和Ctrl+V组合键，即可复制粘贴图层。
- 选择要复制的图层，按Ctrl+D组合键即可创建图层副本。

2. 删除图层

对于"时间轴"面板中不需要的图层，用户可以通过以下方式将其删除。

- 在"时间轴"面板中选择图层，按Delete键删除。
- 选择图层，按Backspace键删除。
- 选择图层，执行"编辑"|"清除"命令即可将图层删除。

3. 重命名图层

对于素材量比较庞大的项目文件，用户可以对图层名称进行重命名，这样在查找素材时能一目了然，操作方法如下。

- 选择图层，然后按回车键，此时图层名称会进入编辑状态，输入新的图层名称即可，如图3-7所示。
- 选择图层，右击，在弹出的快捷菜单中选择"重命名"命令。

图 3-7

4. 排列图层

对于"时间轴"面板中的图层对象，用户可以随意调整其顺序。选择要调整的图层，执行"图层"|"排列"命令，在其级联菜单中可以选择合适的操作命令，如"将图层置于顶层""使图层前移一层""使图层后移一层""将图层置于底层"，如图3-8所示。

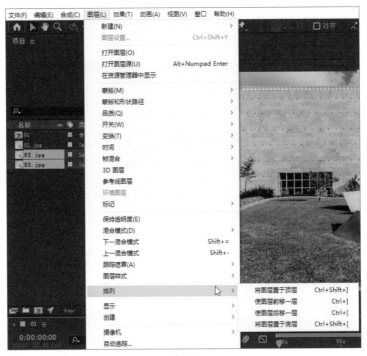

图 3-8

Ae 3.3 编辑图层

完成图层的创建后，用户可以对图层进行剪辑、扩展、拆分等操作，以便更好地表现素材效果。

3.3.1 剪辑/扩展图层

将光标置于图层的入点或出点位置，按住并拖曳即可对图层进行剪辑，而经过剪辑的图层的长度会发生变化，如图3-9所示。

图 3-9

注意事项 图像图层或纯色图层可以随意剪辑或扩展，视频图层和音频图层可以剪辑，但不能直接扩展。

拖动时间指示器到指定位置，按Alt+【组合键和Alt+】组合键，也可以定义图层出入点的时间位置。图3-10、图3-11分别为剪辑前后的图层效果。

图 3-10

图 3-11

3.3.2　提升/提取图层

在一段视频素材中，有时需要移除其中的某几个片段，这就需要使用"提升工作区域"和"提取工作区域"命令。这两个命令都具备移除部分镜头的功能，但有一定的区别。

使用"提升工作区域"命令可以移除工作区域内被选择图层的帧画面，但是被选择图层所构成的总时间长度不变，并且会保留移除后的空隙，操作前后对比如图3-12、图3-13所示。

图 3-12

图 3-13

在"时间轴"面板移动指示器，按B键可以确定工作区域的入点，按N键可以确定工作区域的出点。

使用"提取工作区域"命令可以移除工作区域内被选择图层的帧画面，但是被选择图层所构成的总时间长度会缩短，同时图层会被剪切成两段，后段的入点将连接前段的出点，不会留下任何空隙，如图3-14所示。

图 3-14

3.3.3 拆分图层

用户可以通过"时间轴"面板，将一个图层在指定的时间处拆分为多段独立的图层，以方便用户在图层中进行不同的处理。

在"时间轴"面板中，选择需要拆分的图层，将时间指示器移到需要拆分图层的位置，依次执行"编辑"|"拆分图层"命令，即可对所选图层进行拆分，拆分前后的对比效果如图3-15、图3-16所示。

图 3-15

图 3-16

注意事项 在"时间轴"面板中选择图层，上下拖曳到合适的位置，可以改变图层顺序。拖曳时注意观察灰色水平线的位置。

Ae 3.4 图层的混合模式

所谓图层混合就是将一个图层与其下面的图层发生叠加，以产生特殊的效果。After Effects 提供了三十多种图层混合模式，用来定义当前图层与底图的作用模式。

▌3.4.1 普通模式组

在普通模式组中，主要包括"正常""溶解"和"动态抖动溶解"3种混合模式。在没有透明度影响的前提下，这种类型的混合模式产生的最终效果的颜色不受底层像素颜色的影响，除非底层像素的不透明度小于当前图层。

1. 正常

"正常"模式是日常工作中最常用的图层混合模式，如图3-17所示。当不透明度为100%时，此混合模式将根据Alpha通道正常显示当前层，并且此层的显示不受其他层的影响；当不透明度小于100%时，当前层的每一个像素点的颜色都将受到其他层的影响，会根据当前的不透明度值和其他层的色彩来确定显示的颜色。

2. 溶解

该混合模式用于控制层与层之间的融合显示，对于有羽化边界的层会起到较大影响。如果当前层没有遮罩羽化边界，或者该层设定为完全不透明，则该模式几乎是不起作用的。所以该混合模式的最终效果将受到当前层Alpha通道的羽化程度和不透明的影响。图3-18所示为在带有Alpha通道的图层上选择"溶解"混合模式并设置不透明度后的效果。

图 3-17　　　　　　　　　　　　　　图 3-18

3. 动态抖动溶解

该混合模式与"溶解"混合模式的原理类似，只不过"动态抖动溶解"混合模式可以随时更新值，而"溶解"混合模式的颗粒是不变的。

▌3.4.2 变暗模式组

变暗模式组中的混合模式可以使图像的整体颜色变暗，主要包括"变暗""相乘""颜色加深""经典颜色加深""线性加深"和"较深的颜色"6种，其中"变暗"和"相乘"是使用频率较高的混合模式。

1. 变暗

当选中该混合模式后，软件将会查看每个通道中的颜色信息，并选择基色或混合色中较暗的颜色作为结果色，即替换比混合色亮的像素，而比混合色暗的像素保持不变，如图3-19所示为选择"变暗"混合模式后的效果。

2. 相乘

对于每个颜色通道，将源颜色通道值与基础颜色通道值相乘，再除以8-bpc、16-bpc 或 32-bpc 像素的最大值，具体取决于项目的颜色深度。结果颜色决不会比原始颜色明亮。如果任一输入颜色是黑色，则结果颜色是黑色。如果任一输入颜色是白色，则结果颜色是其他输入颜色。此混合模式模拟在纸上用多个记号笔绘图或将多个彩色透明滤光板置于光前。在与除黑色或白色之外的颜色混合时，具有此混合模式的每个图层或画笔将生成深色，如图3-20所示。

图 3-19

图 3-20

3. 颜色加深

当选择该混合模式时，软件将会查看每个通道中的颜色信息，并通过增加对比度使基色变暗，以反映混合色，与白色混合不会发生变化，如图3-21所示。

4. 经典颜色加深

该混合模式为旧版本中的"颜色加深"混合模式，为了让旧版的文件在新版软件中打开时保持原始的状态，因此保留了这个旧版的"颜色加深"混合模式，并被命名为"经典颜色加深"混合模式。

5. 线性加深

当选择该混合模式时，软件将会查看每个通道中的颜色信息，并通过减弱亮度使基色变暗，以反映混合色，与白色混合不会发生变化，如图3-22所示。

图 3-21

图 3-22

6. 较深的颜色

每个结果像素是源颜色值和相应的基础颜色值中的较深颜色。"较深的颜色"类似于"变暗",但是"较深的颜色"不对各个颜色通道执行操作,如图3-23所示。

图 3-23

3.4.3 添加模式组

添加模式组中的混合模式可以使当前图像中的黑色消失,从而使颜色变亮,包括"相加""变亮""屏幕""颜色减淡""经典颜色减淡""线性减淡"和"较浅的颜色"7种,其中"相加"和"屏幕"是使用频率较高的混合模式。

1. 相加

选择该混合模式时,将会比较混合色和基色的所有通道值的总和,并显示通道值较小的颜色。"相加"混合模式不会产生第3种颜色,因为它是从基色和混合色中选择通道值最小的颜色来创建结果色的,图3-24、图3-25所示为使用"相加"混合模式的效果对比。

图 3-24

图 3-25

2. 变亮

选择该混合模式后,软件将会查看每个通道中的颜色信息,并选择基色或混合色中较亮的颜色作为结果色,即替换比混合色暗的像素,而比混合色亮的像素保持不变,如图3-26所示。

3. 屏幕

该混合模式是一种加色混合模式,具有将颜色相加的效果。由于黑色意味着RGB通道值为0,所以该模式与黑色混合没有任何效果,而与白色混合则得到RGB颜色的最大值白色,如图3-27所示。

图 3-26

图 3-27

4. 颜色减淡

选择该混合模式时，软件将会查看每个通道中的颜色信息，并通过减小对比度使基色变亮，以反映混合色，与黑色混合则不会发生变化，如图3-28所示。

5. 经典颜色减淡

该混合模式为旧版本中的"颜色减淡"混合模式，为了让旧版的文件在新版软件中打开时保持原始的状态，因此保留了这个旧版的"颜色减淡"混合模式，并被命名为"经典颜色减淡"混合模式。

6. 线性减淡

当选择该混合模式时，软件将会查看每个通道中的颜色信息，并通过增加亮度使基色变亮，以反映混合色，与黑色混合不会发生变化，如图3-29所示。

图 3-28

图 3-29

7. 较浅的颜色

每个结果像素是源颜色值和相应的基础颜色值中的较亮颜色。"较浅的颜色"类似于"变亮"，但是"较浅的颜色"不对各颜色通道执行操作，如图3-30所示。

图 3-30

3.4.4 相交模式组

相交模式组中的混合模式在进行混合时，50%的灰色会完全消失，任何高于50%的区域都可能加亮下方的图像，而低于50%的灰度区域都可能使下方图像变暗，该模式组包括"叠加""柔光""强光""线性光""亮光""点光"和"纯色混合"7种混合模式，其中"叠加"和"柔光"两种混合模式的使用频率较高。

1. 叠加

该混合模式可以根据底层的颜色，将当前层的像素相乘或覆盖。该混合模式可以导致当前层变亮或变暗。该混合模式对于中间色调影响较明显，对于高亮度区域和暗调区域影响不大，图3-31、图3-32为应用"叠加"混合模式的效果对比。

图 3-31

图 3-32

2. 柔光

该混合模式可以创造光线照射的效果，使亮度区域变得更亮，暗调区域变得更暗。如果混合色比50%灰度亮，则图像会变亮；如果混合色比50%灰度暗，则图像会变暗。柔光的效果取决于层的颜色，用纯黑色或纯白色作为层颜色时，会产生明显较暗或较亮的区域，但不会产生纯黑色或纯白色，如图3-33所示。

3. 强光

该混合模式可以对颜色进行正片叠底或屏幕处理，具体效果取决于混合色。如果混合色比50%灰度亮，就是屏幕后的效果，此时图像会变亮；如果混合色比50%灰度暗，就是正片叠底效果，此时图像会变暗。使用纯黑色和纯白色绘画时会出现纯黑色和纯白色，如图3-34所示。

图 3-33

图 3-34

4. 线性光

该混合模式可以通过降低或增加亮度来加深或减淡颜色，具体效果取决于混合色。如果混合色比50%灰度亮，则会通过增加亮度使图像变亮；如果混合色比50%灰度暗，则会通过降低亮度使图像变暗，如图3-35所示。

5. 亮光

该混合模式可以通过降低或增加对比度来加深或减淡颜色，具体效果取决于混合色。如果混合色比50%灰度亮，则会通过增加对比度使图像变亮；如果混合色比50%灰度暗，则会通过降低对比度使图像变暗，如图3-36所示。

图 3-35 图 3-36

6. 点光

该混合模式可以根据混合色替换颜色。如果混合色比50%灰度亮，则会替换比混合色暗的像素，而不改变比混合色亮的像素；如果混合色比50%灰度暗，则会替换比混合色亮的像素，而比混合色暗的像素保持不变，如图3-37所示。

7. 纯色混合

选中该混合模式后，将把混合颜色的红色、绿色和蓝色的通道值添加到基色的RGB值中。如果通道值的总和大于或等于255，则值为255；如果小于255，则值为0。因此，所有混合像素的红色、绿色和蓝色通道值不是0就是255，这会使所有像素都更改为原色，即红色、绿色、蓝色、青色、黄色、洋红色、白色或黑色，如图3-38所示。

图 3-37 图 3-38

3.4.5 反差模式组

反差模式组中的混合模式可以基于源颜色和基础颜色值之间的差异创建颜色，包括"差值""经典差值""排除""相减"和"相除"5种混合模式。

1. 差值

选中该混合模式后，软件将会查看每个通道中的颜色信息，并从基色中减去混合色，或从混合色中减去基色，具体操作取决于哪个颜色的亮度值更大。与白色混合将反转基色值，与黑色混合则不产生变化。图3-39、图3-40为选择"差值"混合模式前后的效果。

图 3-39

图 3-40

2. 经典差值

低版本中的"差值"混合模式已重命名为"经典差值"。使用它可保持与早期项目的兼容性，也可直接使用"差值"混合模式。

3. 排除

选中该混合模式后，将创建一种与"差值"混合模式相似但对比度更低的效果，与白色混合将反转基色值，与黑色混合则不会发生变化。

4. 相减

该混合模式从基础颜色中减去源颜色。如果源颜色是黑色，则结果颜色是基础颜色。在32-bpc项目中，结果颜色值可以小于0，如图3-41所示。

5. 相除

该混合模式为基础颜色除以源颜色。如果源颜色是白色，则结果颜色是基础颜色。在32-bpc项目中，结果颜色值可以大于1.0，如图3-42所示。

图 3-41

图 3-42

如果要对齐两个图层中的相同视觉元素，请将一个图层放置在另一个图层上面，并将顶端图层的混合模式设置为"差值"。然后，可以移动一个图层或另一个图层，直到要排列的视觉元素的像素都是黑色，这意味着像素之间的差值是零，此时一个元素完全堆积在另一个元素上面。

3.4.6　颜色模式组

颜色模式组中的混合模式是将色相、饱和度和发光度三要素中的一种或两种应用在图像上，包括"色相""饱和度""颜色"和"发光度"4种。

1. 色相

"色相"混合模式可以将当前图层的色相应用到底层图像的亮度和饱和度中，可以改变底层图像的色相，但不会影响其亮度和饱和度。对于黑色、白色和灰色区域，该模式将不起作用。图3-43所示为选择"色相"混合模式后的效果。

2. 饱和度

选中该混合模式后，将用基色的明亮度和色相以及混合色的饱和度创建结果色。在灰色的区域将不会发生变化，如图3-44所示。

图 3-43

图 3-44

3. 颜色

选中该混合模式后，将用基色的明亮度以及混合色的色相和饱和度创建结果色，这样可以保留图像中的灰阶，并且对于给单色图像上色或给彩色图像着色都会非常有用，如图3-45所示。

图 3-45

4. 发光度

选中该混合模式后，将用基色的色相和饱和度以及混合色的明亮度创建结果色，此混色模式可以创建与"颜色"混合模式相反的效果，如图3-46所示。

图 3-46

3.4.7 Alpha模式组

Alpha模式组中的混合模式是After Effects特有的混合模式，它将两个重叠中不相交的部分保留，使相交的部分透明化，包括"模板Alpha""模板亮度""轮廓Alpha""轮廓亮度"4种。

1. 模板 Alpha

选中该混合模式时，将依据上层的Alpha通道显示其下所有层的图像，相当于依据上层的Alpha通道进行剪影处理，如图3-47所示。

2. 模板亮度

选中该混合模式时，将依据上层图像的明度信息决定其下所有层的图像的不透明度信息。亮的区域会完全显示下面的所有图层；黑暗的区域和没有像素的区域则完全不显示下面的所有图层；灰色区域将依据其灰度值决定下面图层的不透明程度。

3. 轮廓 Alpha

该混合模式可以通过当前图层的Alpha通道来影响底层图像，使受影响的区域被剪切掉，得到的效果与"模板Alpha"混合模式的效果正好相反，如图3-48所示。

4. 轮廓亮度

选中该混合模式时，得到的效果与"模板亮度"混合模式的效果正好相反。

图 3-47

图 3-48

3.4.8 共享模式组

在共享模式组中，主要包括"Alpha添加"和"冷光预乘"两种混合模式。这种类型的混合模式都可以使低层与当前图层的Alpha通道或透明区域像素产生相互作用。

1. Alpha 添加

该混合模式通常合成图层，但添加色彩互补的Alpha通道来创建无缝的透明区域。用于从两个相互反转的Alpha通道或从两个接触的动画图层的Alpha通道边缘删除可见边缘。

> **注意事项** 在图层边对边对齐时，图层之间有时会出现接缝，尤其是在边缘处相互连接以生成3D对象的3D图层时。在图层边缘消除锯齿时，边缘具有一定透明度。在两个50%透明区域重叠时，结果不是100%不透明，而是75%不透明，因为默认操作是乘法。
>
> 但是在某些情况下不需要此默认混合。如果需要两个50%不透明区域组合以进行无缝不透明连接，需要添加Alpha值，在这类情况下，可使用"Alpha添加"混合模式。

2. 冷光预乘

在合成之后，通过将超过Alpha通道值的颜色值添加到合成中来防止修剪这些颜色值，用于使用预乘Alpha通道从素材合成渲染镜头或光照效果（例如镜头光晕）。应用此混合模式时，可以通过将预乘Alpha源素材的解释更改为直接Alpha来获得更好的效果。

Ae 3.5 图层的样式

图层样式与Photoshop相似，能够快速制作出发光、投影、描边等效果，是提升作品品质的重要手段之一。

执行"图层"|"图层样式"命令，在级联菜单中可以看到图层样式列表，After Effects 提供了"投影""内阴影""外发光""内发光""斜面和浮雕""光泽""颜色叠加""渐变叠加""描边"9种图层样式。

- **投影：** 可以为图层增加阴影效果，如图3-49所示。
- **内阴影：** 可以为图层内部添加阴影效果，从而呈现出立体感，如图3-50所示。

图 3-49

图 3-50

- **外发光：** 可以产生图层外部的发光效果，如图3-51所示。
- **内发光：** 可以产生图层内部的发光效果，如图3-52所示。

图 3-51

图 3-52

- **斜面和浮雕：** 可以模拟冲压状态，为图层制作出浮雕效果，增加图层的立体感，如图3-53所示。
- **光泽：** 可以使图层表面产生光滑的磨光或金属质感效果，如图3-54所示。

图 3-53

图 3-54

- **颜色叠加：** 可以在图层上方叠加新的颜色。
- **渐变叠加：** 可以在图层上方叠加渐变颜色，如图3-55所示。
- **描边：** 可以使用颜色为当前图层的轮廓添加像素，从而使图层轮廓更清晰，图3-56所示为图层添加了金色描边的效果。

图 3-55

图 3-56

Ae 3.6 图层的基本属性

图层属性在制作动画特效时起着非常重要的作用。除了单独的音频图层以外，其余所有图层都具有5个基本属性，分别是锚点、位置、缩放、旋转和不透明度。在"时间轴"面板单击展开按钮，即可编辑图层属性，如图3-57所示。

图 3-57

1. 锚点

锚点是图层的轴心点，控制图层的旋转或移动，默认情况下锚点在图层的中心，用户可以在"时间轴"面板中进行精确调整。设置素材不同锚点参数的对比效果如图3-58、图3-59所示。

图 3-58

图 3-59

知识点拨

调整锚点参数时，随着参数变化移动的是素材，锚点位置并不会发生任何变化。如果想要将锚点移至素材中心，可以按Ctrl+Alt+Home组合键。

2. 位置

位图属性可以控制图层对象的位置坐标，主要用来制作图层的位移动画，普通的二维图层包括x轴和y轴两个参数，三维图层则包括x轴、y轴和z轴三个参数。相同素材、不同位置参数的对比效果如图3-60、图3-61所示。

图 3-60　　　　　　　　　　　　　　　　　　图 3-61

知识点拨

在编辑图层属性时，利用快捷键可快速打开属性。选择图层后，按A键可打开"锚点"属性，按P键可打开"位置"属性，按R键可以打开"旋转"属性，按T键可打开"不透明度"属性。

3. 缩放

缩放属性可以以锚点为基准来改变图层的大小。相同素材设置不同缩放参数的效果如图3-62、图3-63所示。

图 3-62　　　　　　　　　　　　　　　　　　图 3-63

4. 旋转

图层的旋转属性不仅提供用于定义图层对象的旋转角度参数，还提供用于制作旋转动画效果的旋转圈数参数。相同素材设置不同旋转参数的效果如图3-64、图3-65所示。

图 3-64　　　　　　　　　　　　　　　　　　图 3-65

5. 不透明度

通过设置不透明属性，可以设置图层的透明效果，可以透过上面的图层查看下面图层对象的状态。相同素材设置不同透明度参数的效果如图3-66、图3-67所示。

图 3-66

图 3-67

Ae 3.7 关键帧动画

　　关键帧是指动画上关键的时刻，至少有两个关键时刻，才能构成动画。用户可以通过设置动作、效果、音频及多种其他属性参数使画面形成连贯的动画效果。

3.7.1 创建关键帧

　　关键帧的创建是在"时间轴"面板中进行的，创建关键帧就是对图层的属性值设置动画。在"时间轴"面板中展开属性列表后会发现，每个属性左侧都有一个"时间变化秒表"按钮，它是关键帧的控制器，控制着记录关键帧的变化，也是设定动画关键帧的关键。

　　单击"时间变化秒表"按钮，即可激活关键帧，从这时开始，无论是修改属性参数，还是在合成窗口中修改图像对象，都会被记录成关键帧。再次单击"时间变化秒表"按钮，会移除所有关键帧。

　　单击属性左侧的"在当前时间添加或移除关键帧"按钮，可以添加多个关键帧。且会在时间线区域显示成◀按钮，如图3-68所示。

图 3-68

3.7.2 设置关键帧

创建关键帧后，用户可以根据需要对其进行选择、复制粘贴、移动、删除等编辑操作。

1. 选择关键帧

如果要选择关键帧，直接在时间轴面板单击■图标即可。如果要选择多个关键帧，按住Shift键的同时框选或者单击多个关键帧即可。

2. 复制粘贴关键帧

如果要复制、粘贴关键帧，可以选择要复制的关键帧，执行"编辑"|"复制"命令，将时间线移至需要粘贴的位置，再执行"编辑"|"粘贴"命令即可。也可利用Ctrl+C和Ctrl+V组合键来进行复制、粘贴操作。

3. 移动关键帧

单击并按住关键帧，拖动光标即可移动关键帧。

4. 删除关键帧

选择关键帧，执行"编辑"|"清除"命令即可将其删除，也可直接按Delete键删除。

动手练 制作镜头变化效果

通过为属性添加关键帧，可以制作出图像的移动、缩放等动画，用于模拟镜头下的变化，本案例将介绍具体的操作步骤。

Step 01 新建项目，再执行"合成"|"新建合成"命令，弹出"合成设置"对话框，这里选择"预设"模式为"HDTV 1080 24"，并设置"持续时间"为10s，如图3-69所示。单击"确定"按钮创建合成。

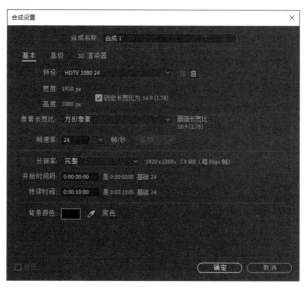

图 3-69

Step 02 在"项目"面板中双击，弹出"导入文件"对话框，选择准备好的素材，如图3-70所示。单击"导入"按钮即可将素材导入"项目"面板。

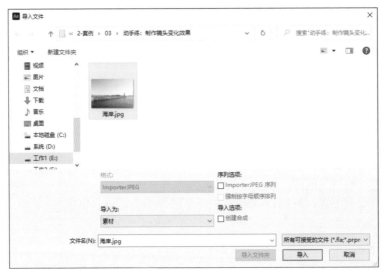

图 3-70

Step 03 将素材拖曳至"时间轴"面板，即可在"合成"面板看到素材效果，如图3-71所示。

图 3-71

Step 04 展开素材的"变换"属性，将时间线移至0:00:00:00位置，单击"时间变化秒表"按钮，分别为"位置"和"缩放"属性添加关键帧，并设置缩放值和位置参数，如图3-72所示。

图 3-72

Step 05 当前"合成"面板中的素材显示效果如图3-73所示。

图 3-73

Step 06 移动时间线至0:00:06:00，再次为"位置"和"缩放"属性添加关键帧，这里仅设置"位置"属性，如图3-74所示。

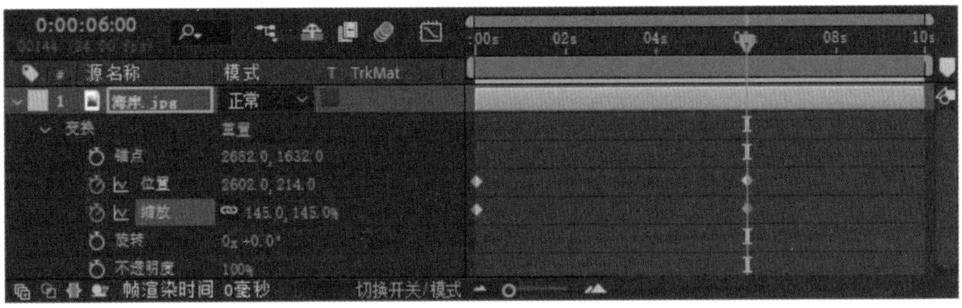

图 3-74

Step 07 当前时间的"合成"面板如图3-75所示。

图 3-75

Step 08 移动时间线至末尾处，继续为"缩放"和"位置"属性添加关键帧，调整参数，使素材画面完整地显示在"合成"面板中，如图3-76、图3-77所示。

Step 09 按空格键即可预览镜头平移及缩放的效果。

图 3-76

图 3-77

动手练 制作视频开屏效果

　　本案例通过为纯色图层添加"位置"属性的关键帧制作图层移动动画，从而制作出视频开屏效果，具体操作步骤如下。

　　Step 01 将准备好的视频素材拖曳入"项目"面板，并在素材上右击，在弹出的快捷菜单中选择"基于所选项新建合成"命令，如图3-78所示。

　　Step 02 根据素材创建一个新的合成，如图3-79所示。

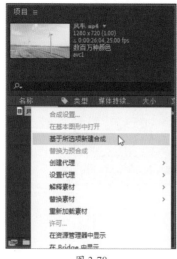

图 3-78

图 3-79

After Effects影视特效制作标准教程（全彩微课版）

Step 03 执行"图层"|"新建"|"纯色"命令，弹出"纯色设置"对话框，这里设置图层高度为原本高度的一半，也就是360像素，再单击色块设置颜色为黑色，如图3-80所示。

Step 04 单击"确定"按钮，即可创建纯色图层，如图3-81所示。

图 3-80   图 3-81

Step 05 在"对齐"面板中单击"顶对齐"按钮，使纯色图层对齐到合成顶部，如图3-82所示。

Step 06 按Ctrl+D组合键复制纯色图层，并在"对齐"面板中单击"底对齐"按钮，使其对齐到合成底部，如图3-83所示。

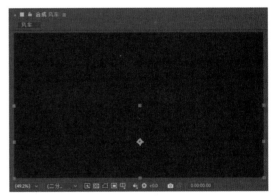

图 3-82   图 3-83

Step 07 将时间线移至0:00:00:00，为"位置"属性添加第一个关键帧，无须修改参数，如图3-84所示。

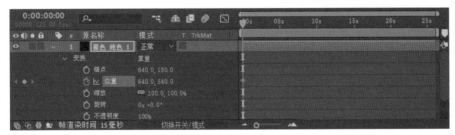

图 3-84

Step 08 将时间线移至结尾，继续为"位置"属性添加关键帧，并调整参数值，如图3-85所示。

图 3-85

Step 09 此时在"合成"面板可以看到该纯色图层已经向下移出屏幕外，如图3-86所示。

图 3-86

Step 10 按照同样的方法为另一个纯色图层的"位置"属性添加关键帧，如图3-87所示。

图 3-87

Step 11 按空格键即可预览开屏效果，如图3-88、图3-89所示。

图 3-88

图 3-89

Ae 3.8 表达式及语法

表达式是After Effects内部基于JavaScript编程语言开发的编辑工具，通过程序语言来实现界面中一些无法执行的命令，或者通过语法将大量重复的操作简化。

3.8.1 表达式语法

After Effects中的表达式具有类似于其他程序设计语言的语法，只有遵循这些语法，才可以创建正确的表达式。一般的表达式形式：thisComp.layer("Story medal").transform.scale=transform.scale+time*10

- **全局属性"thisComp"**：用来说明表达式所应用的最高层级，可理解为合成。
- **层级标识符"."**：为属性连接符号，该符号前面为上位层级，后面为下位层级。
- **layer("")**：定义层的名称，必须在括号内加引号。

上面表达式的含义：这个合成的Story medal层中的变换选项下的缩放数值，随着时间的增长呈10倍的缩放。

知识点拨

> 如果表达式输入有错误，将会显示黄色的警告图标来提示错误，并取消该表达式操作。单击警告图标，可以查看错误信息。

除此之外，还可以为表达式添加注释。在注释句前加"//"符号，表示在同一行中任何处于"//"后的语名都被认为是表达式注释语句。

注意事项 在编写表达式时，需要注意以下几个关键点：

- JavaScript的语句区分英文字母的大小写。
- 在一段或一行程序后需要加";"符号，以提示语句的结束。
- 在编辑到下一行时，需要按Ctrl+Enter组合键或Shift+Enter组合键；要确认表达式，可在输入完毕后直接按Enter键。
- 在编辑区，可以通过上下拖动编辑框来扩大编辑区范围。

3.8.2 创建表达式

表达式最简单直接的创建方法就是在图层的属性选项中创建。

注意事项 表达式只能添加在可以编辑的关键帧的属性上，不可以添加在其他地方。另外表达式的使用需要根据实际情况来决定，如果关键帧可以更好地实现想要的效果，就没有必要使用表达式。

以"旋转"属性为例，打开图层的属性列表，按住Alt键的同时单击"旋转"属性左侧的"时间秒表变化"按钮，即可开启表达式，如图3-90所示。在时间线区域会出现输入框，可输入正确的表达式，在其他位置单击即可完成操作。

图 3-90

开启表达式后，属性参数栏会出现以下四个表达式工具。

- **启用表达式** ：控制表达式的开关。当开启表达式时，相关属性参数会显示为红色。
- **表达式图表** ：定义表达式的动画曲线，并激活图形编辑器。
- **表达式关联器** ：按住该按钮并拖动，会画出一条虚线，将其链接到其他属性上，可以创建表达式，建立关联性动画。
- **表达式语言菜单** ：单击该按钮，可以选择After Effects为用户提供的表达式库中的命令，并根据需要在表达式菜单中选择相关表达式语言。

知识点拨

如果想要删除之前添加的表达式，可以在时间线区域单击表达式，此时会进入表达式编辑状态，删除表达式内容即可。

案例实战：制作胶片循环动画

本案例将通过为预合成图层的属性添加关键帧制作出胶片循环的动画效果，具体操作步骤如下。

Step 01 启动 After Effects应用程序，执行"文件"|"新建"|"新建项目"命令，创建新的项目。

Step 02 执行"合成"|"新建合成"命令，弹出"合成设置"对话框，选择合适的预设模式，并设置"持续时间"为40s，如图3-91所示。单击"确定"按钮即可创建新的合成。

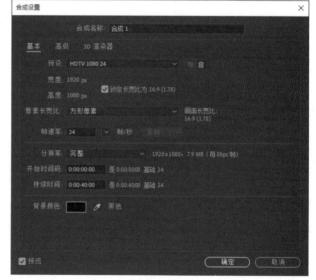

图 3-91

Step 03 在"项目"面板空白处双击，弹出"导入文件"对话框，选择准备好的素材文件，如图3-92所示。

Step 04 单击"导入"按钮，将素材导入"项目"面板，如图3-93所示。

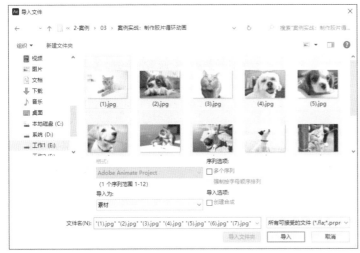

图 3-92   图 3-93

Step 05 选择"胶片"素材，将其拖入"时间轴"面板，按快捷键S打开该图层的"缩放"属性，调整缩放参数，或者直接按Ctrl+Shift+Alt+H组合键，使"胶片"素材宽度适配到合成，如图3-94、图3-95所示。

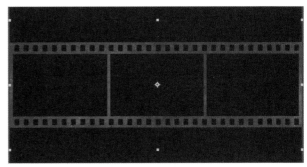

图 3-94   图 3-95

Step 06 选择素材1、素材2、素材3，将其拖曳至"时间轴"面板的"胶片"素材图层下方，按快捷键S打开三个素材图层的"缩放"属性，调整缩放值，如图3-96所示。

Step 07 在"合成"面板中调整各素材的位置，如图3-97所示。

图 3-96   图 3-97

Step 08 选择"胶片"素材图层，按Ctrl+D组合键复制图层，再选择下方的四个图层，右击，在弹出的快捷菜单中选择"预合成"命令，如图3-98所示。

Step 09 系统会弹出"预合成"对话框，在该对话框中默认选择"将所有属性移动到新合成"单选按钮，如图3-99所示。单击"确定"按钮即可创建预合成图层。

图 3-98

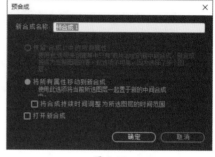

图 3-99

Step 10 按快捷键P打开"预合成1"图层的"位置"属性，将时间线移至起始位置，单击"时间变化秒表"按钮，为该属性添加第一个关键帧，如图3-100所示。

图 3-100

Step 11 将时间线移至0:00:10:00，为该属性添加第二个关键帧，并设置"位置"参数，如图3-101所示。

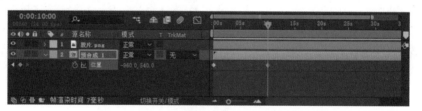

图 3-101

Step 12 隐藏"胶片"图层，按空格键预览动画，可以看到胶片向左平移的动画效果，如图3-102所示。

图 3-102

Step 13 显示"胶片"图层,再隐藏"预合成1"图层,将素材4、素材5、素材6拖入"时间轴"面板,置于"胶片"图层下方,如图3-103所示。

Step 14 复制"胶片"图层,再按照Step 5~8的创建方法创建"预合成2"图层,如图3-104所示。

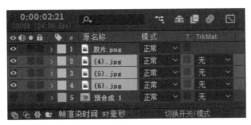

图 3-103

图 3-104

Step 15 在"合成"面板可以看到第二段胶片的效果,如图3-105所示。

图 3-105

Step 16 分别在0:00:00:00和0:00:20:00处为"预合成2"图层的"位置"属性添加关键帧,如图3-106、图3-107所示。

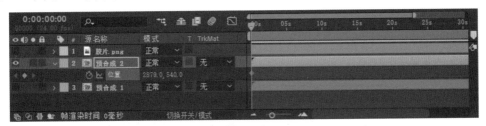

图 3-106

图 3-107

Step 17 将素材7、素材8、素材9拖入"时间轴"面板,按照前面的操作方法创建"预合成3",如图3-108所示。

图 3-108

Step 18 打开该图层的"位置"属性，分别将时间线移至0:00:10:00和至0:00:30:00处，添加关键帧并设置参数，如图3-109、图3-110所示。

图 3-109

图 3-110

Step 19 将素材10、素材11、素材12拖入"时间轴"面板，按照前面的操作方法创建"预合成4"，效果如图3-111所示。

图 3-111

Step 20 打开该图层的"位置"属性，分别将时间线移至0:00:20:00和结尾处，添加关键帧并设置参数，如图3-112、图3-113所示。

图 3-112

图 3-113

Step 21 按Ctrl+D组合键复制"预合成1"图层,将其移至列表顶端,单击"时间变化秒表"按钮移除所有关键帧,如图3-114所示。

图 3-114

Step 22 将时间线移至0:00:30:00处,按快捷键P打开"位置"属性,单击"时间变化秒表"按钮重新添加关键帧,并设置参数,如图3-115所示。

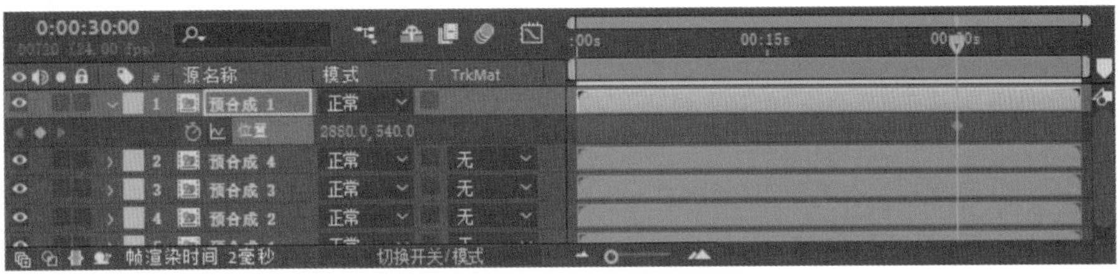

图 3-115

Step 23 将时间线移至结尾处,为"位置"属性添加第二个关键帧,并设置参数,如图3-116所示。

图 3-116

至此完成胶片循环动画的制作,按空格键从头开始预览动画效果。

读书笔记

第4章
蒙版与形状

　　蒙版在After Effects中是一种附于图层存在的路径，可以通过蒙版图层中的图形或轮廓对象透出下面图层中的内容；形状则是仅依附于形状图层存在，是独立的图形，二者都是后期合成中不可少的部分。

　　本章主要介绍蒙版与形状的概念、钢笔工具和形状工具的应用、蒙版的属性编辑等知识，通过本章的学习，可以快速掌握蒙版和形状的使用技巧，制作独特的图像效果。

Ae 4.1 认识蒙版

蒙版是指通过蒙版层中的图形或轮廓对象透出下面图层中的内容。本节主要对蒙版的原理以及蒙版与形状图层的区别进行介绍。

4.1.1 蒙版的概念

蒙版是一种路径，可以是开放的，也可以是闭合的。蒙版可以绘制在图层中，一个图层可以包含多个蒙版。虽然是一个图层，但也可以将其理解为两层，一个是轮廓层，即蒙版层；另一个是被蒙版层，即蒙版下面的图像层。

蒙版层的轮廓形状决定看到的图像形状，而被蒙版层则决定看到的内容。蒙版动画的原理是蒙版层作用于变化或者被蒙版层作用于运动。

4.1.2 蒙版和形状图层的区别

蒙版不是独立的图层，其作为属性依附于图层而存在，与图层的效果、变换等属性一样，如图4-1所示。用户可以通过修改蒙版属性来改变图层的显示效果，也可以对蒙版路径添加效果，如音频波形、描边、填充、勾画等。

形状图层是独立的图层，常用于制作各种各样的图形效果，如图4-2所示。一个形状图层可以包含很多图形，也可以删除所有的形状，单独存在。

图 4-1

图 4-2

Ae 4.2 蒙版工具

利用蒙版工具创建蒙版，是After Effects最常用的蒙版创建方法。使用形状工具可以创建常见的几何形状，如矩形、圆形、多边形、星形等；使用钢笔工具则可以绘制不规则形状或者开放路径。

4.2.1 形状工具组

形状工具组可以绘制多种规则的几何形状蒙版，形状工具组按钮位于工具栏中，包括"矩形工具""圆角矩形工具""椭圆工具""多边形工具""星形工具"五种，如图4-3所示。

图 4-3

1. 矩形工具

"矩形工具"可以绘制正方形、长方形等矩形形状的蒙版。选择素材，在工具栏中单击"矩形工具"，在素材上单击并拖动光标至合适位置，释放光标即可得到矩形蒙版，如图4-4所示。

继续使用"矩形工具"，可以绘制多个矩形形状的蒙版，如图4-5所示。如果按住Shift键的同时拖动光标，可绘制正方形的蒙版，如图4-6所示。

图 4-4

图 4-5

2. 圆角矩形工具

"圆角矩形工具"可以绘制圆角矩形形状的蒙版，其绘制方法与"矩形工具"相同，效果如图4-7所示。

图 4-6

图 4-7

3. 椭圆工具

"椭圆工具"可以绘制椭圆及正圆形状的蒙版，其绘制方法与"矩形工具"相同。选择素材，在工具栏中单击"椭圆工具"，在素材上单击并拖动光标至合适位置，释放光标即可得到椭圆蒙版，如图4-8所示。按住Shift键的同时拖动光标可绘制出正圆蒙版，如图4-9所示。

4. 多边形工具

"多边形工具"可以绘制多个边角的集合形状蒙版。选择素材，在工具栏中单击"多边形工具"，在素材上单击确认多边形的中心点，再拖动光标至合适位置，释放光标即可得到任意角度的多边形蒙版，效果如图4-10所示。按住Shift键的同时拖动光标，则可绘制出正多边形蒙版，如图4-11所示。

图 4-8   图 4-9

图 4-10   图 4-11

5. 星形工具

"星形工具"可以绘制星星形状的蒙版，其使用方法与"多边形工具"相同，效果如图4-12、图4-13所示。

图 4-12   图 4-13

知识点拨

绘制形状蒙版后，按住Ctrl键可移动蒙版位置。用户也可以使用"选择工具"或者使用键盘上的"↑""↓""←""→"键来调整蒙版位置。

4.2.2　钢笔工具组

钢笔工具组用于绘制不规则形状的蒙版。钢笔工具组中包括"钢笔工具""添加'顶点'工具""删除'顶点'工具""转换'顶点'工具"以及"蒙版羽化工具",如图4-14所示。

图 4-14

1. 钢笔工具

"钢笔工具"可以绘制任意蒙版形状。选中素材,选择"钢笔工具",在"合成"面板依次单击创建锚点,当首尾相连时即完成蒙版的绘制,得到蒙版形状,如图4-15、图4-16所示。

图 4-15

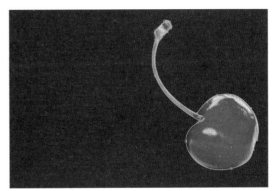

图 4-16

2. 添加"顶点"工具

"添加'顶点'工具"可以为蒙版路径添加锚点,以便于更精细地调整蒙版形状。选择"添加'顶点'工具",在路径上单击即可添加锚点,将光标置于锚点上,按住即可拖动锚点位置,图4-17、图4-18所示为添加锚点前后的蒙版效果。

图 4-17

图 4-18

3. 删除"顶点"工具

"删除'顶点'工具"的使用与"添加'顶点'工具"类似,不同的是该工具的功能是删除锚点。某一锚点被删除后,与该锚点相邻的两个锚点之间会形成一条直线路径。

4. 转换"顶点"工具

"转换'顶点'工具"可以使蒙版路径的控制点变得平滑或变成硬转角。选择"转换'顶点'工具"，在锚点上单击，即可使锚点在平滑或硬转角之间转换，如图4-19、图4-20所示。使用"转换'顶点'工具"在路径线上单击可以添加顶点。

图 4-19　　　　　　　　　　　　　图 4-20

5. 蒙版羽化工具

"蒙版羽化工具"可以调整蒙版边缘的柔和程度。选择"蒙版羽化工具"，单击并拖动锚点，即可柔化当前蒙版，效果如图4-21、图4-22所示。

图 4-21　　　　　　　　　　　　　图 4-22

Ae 4.3 编辑蒙版属性

创建蒙版后，用户可以对路径的控制点或者路径的基本属性进行编辑。在"时间轴"面板的"蒙版"选项中包含蒙版路径、蒙版羽化、蒙版不透明度、蒙版扩展四个属性选项，如图4-23所示。

图 4-23

4.3.1 蒙版路径

用户可以通过移动、增加或减少蒙版路径上的控制点对蒙版的形状进行改变。当一个蒙版绘制完毕后，可以通过相应的路径工具对其进行调整。当需要对尺寸进行精确调整时，可以通过"蒙版形状"进行设置。单击"蒙版路径"右侧的"形状..."文字链接，即可在弹出的"蒙版形状"对话框中修改大小，如图4-24所示。

图 4-24

注意事项 移动控制点时，按住Shift键的同时再进行移动操作，可以将控制点沿水平或垂直方向移动。

4.3.2 蒙版羽化

蒙版羽化功能用于将蒙版的边缘进行虚化处理。默认情况下，蒙版的边缘不带有任何羽化效果，需要进行羽化处理时，可以拖动设置该选项右侧的数值，按比例进行羽化处理。图4-25、图4-26所示为不同蒙版羽化值的效果。

图 4-25

图 4-26

4.3.3 蒙版不透明度

默认情况下，为图层创建蒙版后，蒙版中的图像100%显示，而蒙版外的图像0%显示。如果想调整其透明效果，可以通过"蒙版不透明度"属性调整。蒙版的不透明度只影响层上蒙版内的区域图像，不会影响蒙版外的图像。图4-27、图4-28所示为不同透明度的蒙版效果。

图 4-27

图 4-28

4.3.4　蒙版扩展

　　通过"蒙版扩展"属性可以扩大或收缩蒙版的范围。当属性值为正值时，将在原始蒙版的基础上进行扩展；当属性值为负值时，将在原始蒙版的基础上进行收缩。图4-29、图4-30所示为原始蒙版效果和扩展后的效果。

图 4-29

图 4-30

动手练　制作简单的变形动画

　　本案例将利用形状工具结合关键帧制作简单的变形动画，具体操作步骤如下。

　　Step 01 新建项目，再执行"合成"|"新建合成"命令，弹出"合成设置"对话框，选择"预设"模式为"PAL D1/DV方形像素"，"持续时间"为10s，如图4-31所示。单击"确定"按钮创建合成。

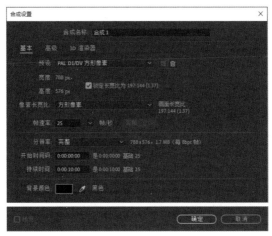

图 4-31

Step 02 执行"图层"|"新建"|"纯色"命令，弹出"纯色设置"对话框，单击色块设置图层颜色，如图4-32、图4-33所示。

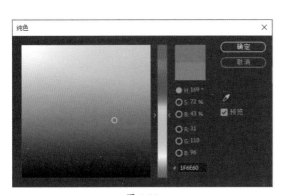

图 4-32

图 4-33

Step 03 单击"确定"按钮创建纯色图层，如图4-34所示。

Step 04 执行"图层"|"新建"|"形状图层"命令，再新建一个形状图层，选择该图层，然后在工具栏中单击"矩形工具"，按住Ctrl+Shift键的同时在"合成"面板拖动光标，绘制一个正方形，如图4-35所示。

图 4-34

图 4-35

Step 05 在"时间轴"面板打开矩形的"填充"属性列表，设置"不透明度"为0%，即可看到矩形形状仅剩边框效果，如图4-36、图4-37所示。

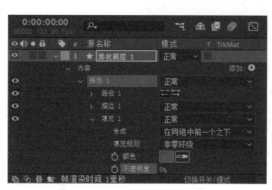

图 4-36

图 4-37

Step 06 接下来依次单击"椭圆工具""星形工具"，按住Ctrl+Shift键的同时再绘制一个正圆和一个星形，如图4-38所示。

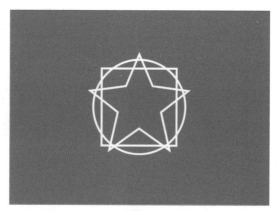

图 4-38

Step 07 展开"矩形"属性下的"路径"属性，将时间线移至0:00:00:00，单击"时间变化秒表"按钮，为该属性添加关键帧，如图4-39所示。

图 4-39

Step 08 展开"椭圆"属性下的"路径"属性，将时间线移至0:00:03:00，为该属性添加关键帧，如图4-40所示。

After Effects影视特效制作标准教程（全彩微课版）

图 4-40

Step 09 按Ctrl+C组合键复制关键帧，保持时间线不动，再选择矩形的"路径"属性，按Ctrl+V组合键粘贴关键帧，如图4-41所示。

图 4-41

Step 10 将时间线移至0:00:06:00，为多边星形的"路径"属性添加关键帧，并复制到矩形的"路径"属性，如图4-42、图4-43所示。

图 4-42

图 4-43

Step 11 选择矩形"路径"属性中的第一个关键帧进行复制，再将时间线移至0:00:09:00，将关键帧粘贴到此处，再隐藏多边星形和椭圆图形，如图4-44所示。

图 4-44

至此完成动画效果的制作，按空格键即可预览变形动画，如图4-45、图4-46所示。

图 4-45

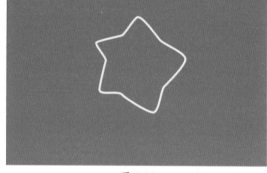

图 4-46

Ae 4.4 蒙版的混合模式

绘制完成蒙版后，"时间轴"面板会出现一个"蒙版"属性。在"蒙版"右侧的下拉列表中显示了蒙版模式选项，如图4-47所示。

图 4-47

各混合模式含义如下。

- **无**：选择此混合模式，路径不起蒙版作用，只作为路径存在，可进行描边、光线动画或路径动画等操作。
- **相加**：如果绘制的蒙版中有两个或两个以上的图形，选择此混合模式可看到两个蒙版以添加的形式显示效果。

- **相减：** 选择此混合模式，蒙版的显示会变成镂空的效果。
- **交集：** 两个蒙版都选择此混合模式，则两个蒙版产生交叉显示的效果。
- **变亮：** 此混合模式对于可视范围区域，与"相加"模式相同。但对于<u>重叠处</u>的不透明度，则采用不透明度较高的值。
- **变暗：** 此混合模式对于可视范围区域，与"相减"混合模式相同。但对于重叠处的不透明度，则采用不透明度较低的值。
- **差值：** 两个蒙版都选择此混合模式，则两个蒙版产生交叉镂空的效果。

案例实战：制作趣味开场动画

本案例将利用本章所学的蒙版知识制作一个有趣的开场动画，具体操作步骤如下。

Step 01 新建项目。执行"合成"|"新建合成"命令，弹出"合成设置"对话框，选择"预设"模式为"HDTV 1080 24"，设置"持续时间"为10s，如图4-48所示。

Step 02 执行"图层"|"新建"|"纯色"命令，弹出"纯色设置"对话框，这里设置颜色为白色，如图4-49所示。单击"确定"按钮创建纯色图层。

图 4-48

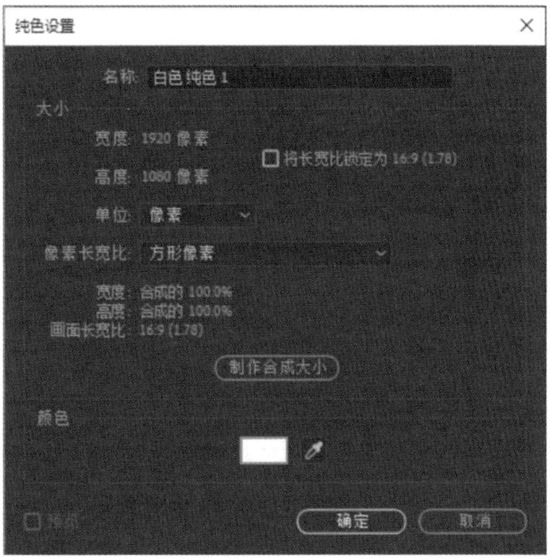

图 4-49

Step 03 在"时间轴"面板空白处单击取消选择图层。单击"椭圆工具"，按住Ctrl+Shift键的同时创建一个圆形，在"时间轴"面板展开属性列表，设置"描边宽度"为0，"填充颜色"为黑色，如图4-50、图4-51所示。

图 4-50

图 4-51

Step 04 按Ctrl+Alt+Home组合键使锚点居中，再依次单击"水平对齐"按钮和"垂直对齐"按钮，使圆形在画面中居中显示，如图4-52所示。

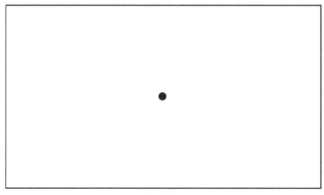

图 4-52

Step 05 选择形状图层，按Ctrl+D组合键复制图层，再选择两个形状图层，按快捷键P打开"位置"属性，如图4-53所示。

图 4-53

Step 06 将时间线移至0:00:00:00，单击"时间变化秒表"按钮，为两个图层的"位置"属性添加关键帧，如图4-54所示。

图 4-54

Step 07 将时间线移至0:00:01:00，分别为两个图层属性添加第二个关键帧，并调整参数，如图4-55所示。

图 4-55

Step 08 此时在"合成"面板中可以看到图形的移动，如图4-56所示。

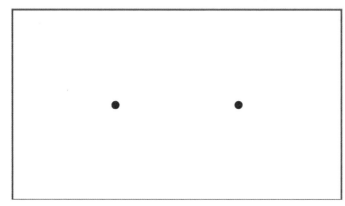

图 4-56

Step 09 将时间线移至0:00:02:00，分别复制0:00:00:00位置的关键帧，粘贴到新的时间线位置，如图4-57所示。

图 4-57

Step 10 再将时间线移至0:00:02:05，继续复制粘贴关键帧，如图4-58所示。

图 4-58

Step 11 将时间线移至0:00:03:05，添加第五个关键帧，并分别设置属性参数，如图4-59所示。

图 4-59

Step 12 将时间线移至0:00:01:00，在"时间轴"面板空白处单击，然后单击"矩形工具"绘制一个矩形，设置"描边宽度"为0，"填充颜色"为黑色，并调整图形位置，如图4-60所示。

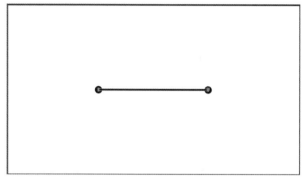

图 4-60

Step 13 展开该图层的"路径"属性，在此时间点添加关键帧，如图4-61所示。

图 4-61

Step 14 将时间线移至0:00:00:00，再为"路径"属性添加关键帧，并在"合成"面板中调整图形轮廓，如图4-62所示。

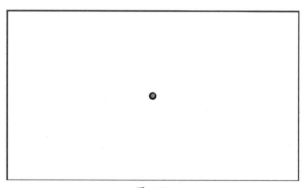

图 4-62

Step 15 复制该位置的关键帧，将时间线移至0:00:02:00，粘贴关键帧，再将时间线移至0:00:02:05，再次粘贴关键帧，如图4-63所示。

图 4-63

Step 16 将时间线移至0:00:03:05，继续为"路径"属性添加关键帧，并在"合成"面板中调整图形轮廓，如图4-64所示。

Step 17 选择三个形状图层，右击，在弹出的快捷菜单中选择"预合成"命令，弹出"预合成"对话框，保持默认选项，如图4-65所示。

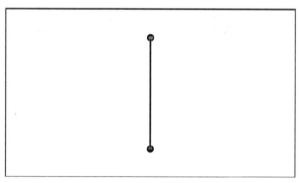

图 4-64

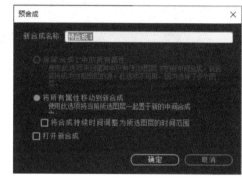

图 4-65

Step 18 按快捷键R打开预合成图层的"旋转"属性，在0:00:03:05处添加一个关键帧，如图4-66所示。

图 4-66

Step 19 将时间线移至0:00:05:00处，添加第二个关键帧，并设置"旋转"参数为90°，如图4-67所示。

图 4-67

Step 20 复制关键帧，将时间线移至0:00:05:05，再粘贴关键帧，如图4-68所示。

图 4-68

Step 21 打开图标编辑器，选择控制点并设置为"缓入"，适当调整控制柄，如图4-69所示。

图 4-69

Step 22 按空格键预览动画效果，如图4-70所示。

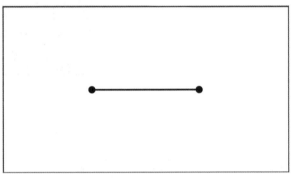

图 4-70

Step 23 单击"横排文字工具"创建文字，在"字符"面板中设置文字字体、大小、水平缩放等参数，再调整文字位置，如图4-71、图4-72所示。

图 4-71

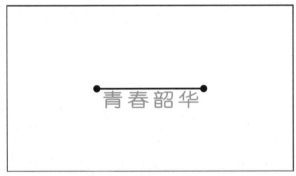

图 4-72

Step 24 选择文字图层，单击"矩形工具"，绘制一个可以覆盖文字的矩形，如图4-73所示。

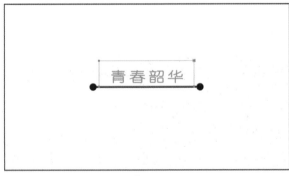

图 4-73

Step 25 展开"蒙版"属性，勾选"反转"复选框，在0:00:05:05处为"蒙版路径"属性添加第一个关键帧，如图4-74所示。

图 4-74

Step 26 将时间线移至0:00:06:05，添加第二个关键帧，并在"合成"面板中调整蒙版形状，如图4-75、图4-76所示。

图 4-75

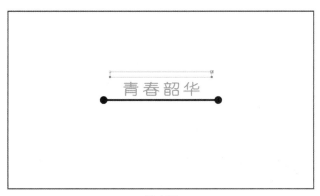

图 4-76

Step 27 再创建新的文本图层，输入文字内容并设置属性，如图4-77、图4-78所示。

图 4-77

图 4-78

Step 28 按照Step 24~26的操作，为文本制绘制蒙版并添加关键帧，如图4-79、图4-80所示。

Step 29 将准备好的"樱桃"素材拖入"项目"面板，再拖入"时间轴"面板，在"合成"面板中调整素材的大小及位置，如图4-81所示。

图 4-79

图 4-80

图 4-81

Step 30 展开素材图层的属性列表，将时间线移至0:00:07:05，为"位置"属性添加关键帧，并调整参数，如图4-82所示。

图 4-82

Step 31 将时间线移至0:00:07:15，分别为"位置"和"旋转"属性添加关键帧，并各自设置参数，如图4-83所示。

图 4-83

Step 32 将时间线移至0:00:07:20，为"旋转"属性添加第二个关键帧，设置旋转参数，如图4-84所示。

图 4-84

Step 33 将时间线移至0:00:08:00，为"旋转"属性添加第三个关键帧，再设置旋转参数，如图4-85所示。

图 4-85

至此完成本项目的制作，按空格键可以预览到完整的动画效果，如图4-86所示。

图 4-86

读书笔记

第5章
文字动画

　　在影视后期制作过程中，文字以其强大的视觉特效成为电影、电视包装中重要的元素之一，不仅丰富了视频画面，也更明确地表达了视频的主题，带给观众良好的视觉体验。After Effects中的文字并不能具有很强的立体感，但是文字的运动可以产生更加绚丽的效果。本章将为读者介绍文字的创建、图层属性设置以及动画控制器的应用。

　　After Effects提供较完整的文字功能，与Photoshop中的文本相似，用户可以对文字进行较为专业的处理，除了可以输入文字外，还能够对文字属性进行修改。

▌5.1.1　创建文字

　　用户创建文字通常有三种方式，分别是利用文本图层、文本工具或文本框进行创建。

1. 从"时间轴"面板创建

　　在"时间轴"面板的空白处右击，在弹出的快捷菜单中选择"新建"|"文本"命令，如图5-1所示。

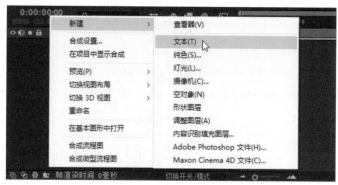

图 5-1

2. 利用文本工具创建

　　文本工具分为"横排文本工具"和"直排文本工具"两种，在工具栏中任意选择文本工具，在"合成"面板单击后输入内容即可创建文字对象，如图5-2、图5-3所示。

图 5-2　　　　　　　　　　　　　　　　　　图 5-3

3. 利用文本框创建

　　在工具栏中单击"横排文字工具"或"直排文字工具"，然后在"合成"面板单击并按住左键，拖动光标绘制一个矩形文本框，如图5-4所示。输入文字后按回车键即可创建文字，如图5-5所示。

图 5-4　　　　　　　　　　　　　　　　　图 5-5

5.1.2　编辑文字

创建文本后，可以根据视频的整体布局和设计风格对文字进行适当的调整，包括字体大小、填充颜色及对齐方式等。

1. 设置字符格式

选择文字后，可以在"字符"面板中对文字的字体系列、字体大小、填充颜色和是否描边等进行设置。执行"窗口"|"字符"命令或按Ctrl+6组合键，可调出或关闭"字符"面板，用户可以对字体、字高、颜色、字符间距等属性值做出更改，如图5-6所示。该面板中各选项含义如下。

- **字体系列：** 在下拉列表中可以选择所需应用的字体类型。
- **字体样式：** 设置字体后，有些字体还可以对其样式进行选择，如图5-7所示。

图 5-6　　　　　　　　　图 5-7

- **吸管：** 可在整个工作面板中吸取颜色。
- **设置为黑色/白色：** 设置字体为黑色或白色。
- **填充颜色：** 单击"填充颜色"色块，弹出"文本颜色"对话框，可在该对话框中设置合适的文字颜色，如图5-8所示。
- **描边颜色：** 单击"描边颜色"色块，弹出"文本颜色"对话框，可设置合适的文字描边颜色。
- **字体大小：** 可以在下拉列表中选择预设的字体大小，也可以在数值处按住光标，左右拖动可改变数值大小，在数值处单击可以直接输入数值。

- **行距**: 用于段落文字, 设置行距数值可以调节行与行之间的距离。
- **两个字符间的字偶间距**: 设置光标左右字符之间的间距。
- **所选字符的字符间距**: 设置所选字符之间的间距。

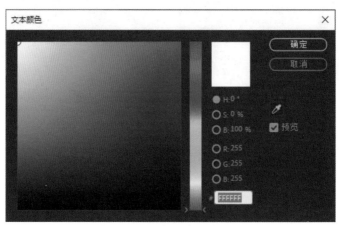

图 5-8

2. 设置段落格式

选择文字后, 可以在"段落"面板中对文字的段落方式进行设置。执行"窗口"|"段落"命令, 即可调出或关闭"段落"面板, 用户可以对文字的对齐方式、段落格式和文本对齐方式等参数进行设置, 如图5-9所示。

图 5-9

"段落"面板中包含7种对齐方式, 分别是左对齐文本、居中对齐文本、右对齐文本、最后一行左对齐、最后一行居中对齐、最后一行右对齐、两端对齐。另外还包括缩进左边距、缩进右边距和首行缩进3种段落缩进方式, 以及段前添加空格和段后添加空格2种设置边距的方式。

Ae 5.2 设置文本图层属性

After Effects中的文字是一个单独的图层, 包括"文本"和"变换"属性。通过设置这些基本属性, 不仅可以增加文本的实用性和美观性, 还可以为文本创建最基础的动画效果。

▌5.2.1 基本属性面板

在"时间线"面板中, 展开文本图层中的"文本"选项组, 可通过"来源文字""路径选项"等子属性更改文本的基本属性, 如图5-10所示。

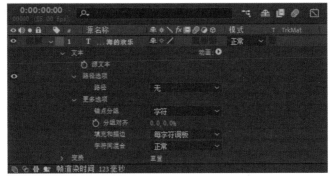

图 5-10

1. "源文本"属性

"源文本"属性可以设置文字在不同时间段的显示效果。单击"时间秒表变化"按钮即可创建第一个关键帧，在下一个时间点创建第二个关键帧，然后更改合成面板中的文字，即可实现文字内容切换效果。

2. "更多选项"属性组

"更多选项"属性组中的子选项与"文本"面板中的选项具有相同的功能，并且有些选项还可以控制"文本"面板中的选项设置。

- **锚点分组：**指定用于变换的锚点是属于单个字符、单次、单行或者整个文本块。
- **分组对齐：**用于控制字符锚点相对于组锚点的对齐方式。

知识点拨

要想禁用文本图层的"路径选项"属性组，可以单击"路径选项"属性组的可见性图标进行切换。暂时禁用"路径选项"属性组可以编辑文本或设置文本格式。

5.2.2　设置路径属性

文本图层中的"路径选项"属性组，是沿路径对文本进行动画制作的一种简单方式。选择路径之后，不仅可以指定文本的路径，还可以改变各字符在路径上的显示方式。

创建文字和路径后，在"时间轴"面板中以"蒙版"命名，在"路径"属性右侧的下拉列表中选择蒙版，文字会自动沿路径分布，如图5-11所示。属性组中各选项含义如下。

图 5-11

- **路径：** 单击其后的下拉按钮选择文本跟随的路径。
- **反转路径：** 设置是否反转路径。图5-12、图5-13为该属性打开和关闭时的效果。

图 5-12

图 5-13

- **垂直于路径：** 设置文字是否垂直于路径，图5-14为该属性关闭的效果。
- **强制对齐：** 设置文字与路径首尾是否对齐，图5-15为该属性打开的效果。

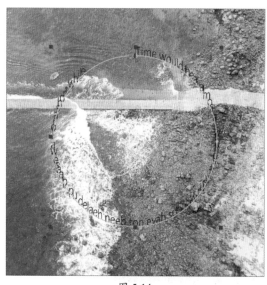

图 5-14

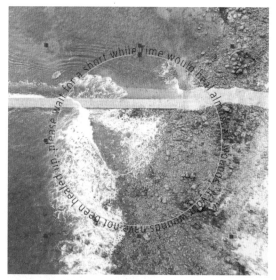

图 5-15

- **首字边距：** 设置首字的边距大小。
- **末字边距：** 设置末字的边距大小。

Ae 5.3 动画控制器

新建文字动画时，将会在文本层建立一个动画控制器，用户可以通过控制各种选项参数，制作各种各样的运动效果，如制作滚动字幕、旋转文字效果、放大缩小文字效果等。

执行"动画"|"添加动画"命令，用户可以在级联菜单中选择动画效果。也可以单击"动画"选项按钮，在打开的列表中选择动画效果，如图5-16所示。

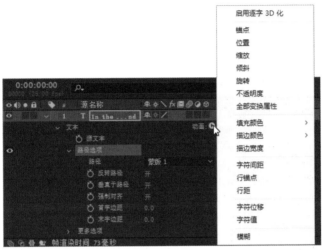

图 5-16

5.3.1 变换类控制器

应用变换类控制器可以控制文本动画的变形，如倾斜、位移、缩放、不透明度等，与文本图层的基本属性有些类似，但是可操作性更为广泛。该类控制器可以控制文本动画的变形，例如倾斜、位移等，如图5-17所示。各选项含义如下。

图 5-17

- **锚点**：制作文字中心定位点变换的动画。
- **位置**：调整文本的位置。
- **缩放**：对文字进行放大或缩小等设置。
- **倾斜**：设置文本倾斜程度。会添加"倾斜"和"倾斜轴"两个属性。

- **倾斜轴：** 指定文本沿其倾斜的轴。常用于制作文字晃动效果。
- **旋转：** 设置文本旋转角度。
- **不透明度：** 设置文本透明度。

5.3.2 颜色类控制器

颜色类控制器主要用于控制文本动画的颜色，如填充颜色、描边颜色以及描边宽度，可以调整出丰富的文本颜色效果，如图5-18所示。各选项含义如下。

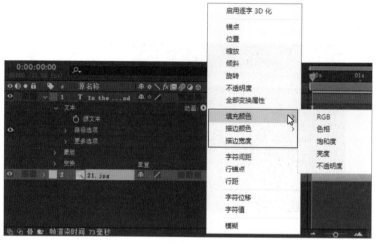

图 5-18

- **填充颜色：** 设置文字的填充颜色的RGB值、色相、饱和度、亮度、不透明度。
- **描边颜色：** 设置文字的描边颜色的RGB值、色相、饱和度、亮度、不透明度。
- **描边宽度：** 设置文字描边宽度的大小。

5.3.3 文本类控制器

文本类控制器主要用于控制文本字符的行间距和空间位置，可以从整体上控制文本的动画效果，包括字符间距、行锚点、行距、字符位移、字符值等，如图5-19所示。各选项含义如下：

图 5-19

- **字符间距**：设置文字之间的距离。图5-20、图5-21为该属性不同参数的效果。

图 5-20   图 5-21

- **行锚点**：设置文本的对齐方式。
- **行距**：设置段落文字行与行之间的距离。图5-22、图5-23为该属性不同参数的效果。

图 5-22   图 5-23

- **字符位移**：按照统一的字符编码标准对文字进行位移。
- **字符值**：按照统一的字符编码标准，统一替换设置字符值所代表的字符。

5.3.4　范围控制器

当添加一个特效类控制器时，会在"动画"属性组添加一个"范围"选项，在该选项的特效基础上，可以制作各种各样的运动效果，是非常重要的文本动画制作工具。

为文本图层添加动画效果后，单击其属性右侧的"添加"按钮，依次选择"选择器"|"范围"选项，即可显示"范围选择器1"属性组，如图5-24所示。各属性含义如下。

图 5-24

- **起始/结束：** 用于设置选择项的开始/结束位置。图5-25、图5-26为设置了"起始"和"结束"的显示效果。
- **偏移：** 设置指定的选择项偏移量。

图 5-25

图 5-26

5.3.5 摆动控制器

摆动控制器可以控制文本的抖动，配合关键帧动画制作更加复杂的动画效果。单击"添加"按钮，执行"选择器"|"摆动"命令，即可显示"摆动选择器1"属性组，如图5-27所示。各属性含义如下。

图 5-27

- **模式：** 设置波动效果与原文本之间的交互模式。包括相加、相减、相交、最小值、最大值、插值共六种模式，图5-28、图5-29所示为相加模式和相交模式的文字旋转摆动效果。

图 5-28

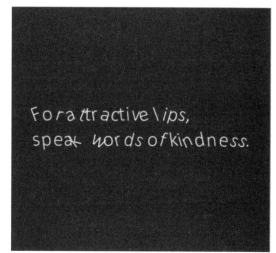

图 5-29

- **最大量/最小量：** 设置随机范围的最大值和最小值。
- **波动/秒：** 设置每秒中随机变化的频率，该数值越大，变化频率就越大。
- **关联：** 设置文本字符至今相互关联变化的程度，数值越大，字符关联的程度就越大。图5-30、图5-31所示为20%和80%关联程度的效果。

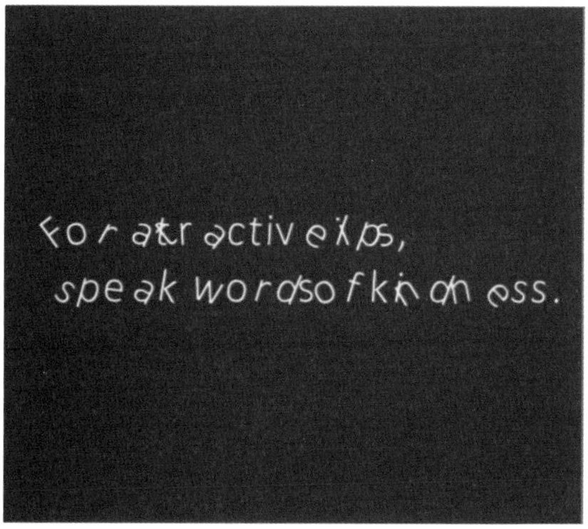

图 5-30

图 5-31

- **时间/空间相位：** 设置文本动画在时间、空间范围内随机量的变化。
- **锁定维度：** 设置随机相对范围的锁定。
- **随机植入：** 设置该属性的值，不会使内容的随机性提高或降低，只会以不同的方式使内容看似随机。

注意事项 用户可以反复添加该控制器，多个控制器可以制作更丰富的复合效果。

动手练 制作文字进入动画 ————————————————————————●

本案例将利用范围选择器制作文字逐个进入的动画效果，具体操作步骤如下。

Step 01 新建项目，再新建合成，在"合成设置"面板中选择预设模式，并设置持续时间，如图5-32所示。

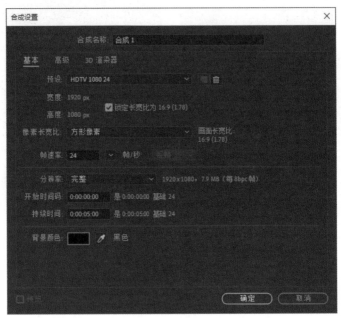

图 5-32

Step 02 执行"图层"|"新建"|"纯色"命令，弹出"纯色设置"对话框，设置图层颜色为白色，创建一个白色的纯色图层。

Step 03 单击"横排文字工具"，在"合成"面板中单击并输入文字内容，然后在"字符"面板中设置文字颜色、字体、大小等参数，如图5-33、图5-34所示。

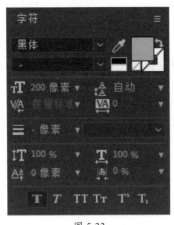

图 5-33

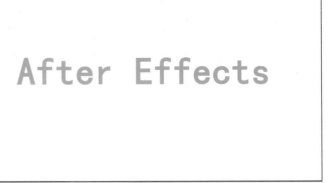

图 5-34

Step 04 展开图层属性列表，单击"动画"按钮，添加"位置"动画属性，如图5-35所示。

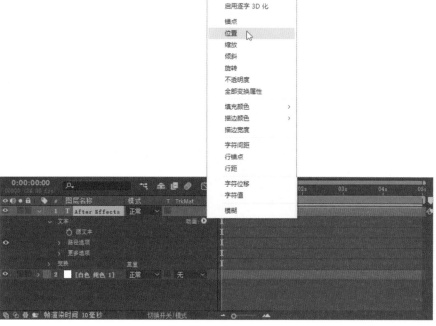

图 5-35

Step 05 系统会自动添加"动画制作工具",展开属性列表,设置"位置"参数,在"合成"面板中可以看到文字所在位置,如图5-36、图5-37所示。

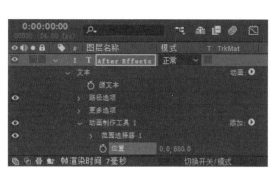

图 5-36

图 5-37

Step 06 展开"范围选择器"属性列表,将时间线移至0:00:00:00,为"起始"属性添加关键帧,如图5-38所示。

图 5-38

Step 07 将时间线移至结尾处，再次添加关键帧，并设置"起始"参数为100%，如图5-39所示。按空格键即可预览文字逐个进入画面的动画效果。

图 5-39

动手练 制作文字弹跳动画

本案例将利用"位置"属性、"不透明度"属性以及摆动控制器等制作弹性文字动画效果，具体操作步骤如下。

Step 01 新建项目，再执行"合成"|"新建合成"命令，弹出"合成设置"对话框，选择"预设"模式并设置"持续时间"，如图5-40所示。

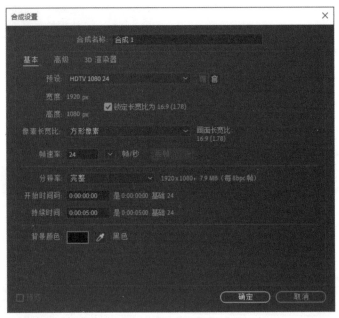

图 5-40

Step 02 单击"横排文字工具"，在"字符"面板设置文字字体、大小等参数，如图5-41所示。

Step 03 接着在"合成"面板单击并输入文字内容，调整文字位置，使其在"合成"面板中居中显示，如图5-42所示。

图 5-41

图 5-42

Step 04 展开文本图层的属性列表，单击"动画"按钮，添加"位置"动画属性，删除"范围选择器"，再单击"添加"按钮，添加"摆动选择器"，设置"位置"属性参数，如图5-43所示。

图 5-43

Step 05 此时在"合成"面板中可以看到文字的变化，如图5-44所示。

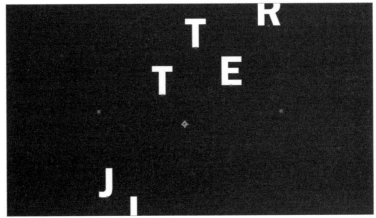

图 5-44

Step 06 展开"摆动选择器"属性列表，设置依据"不包含空格的字符"，"摇摆/秒"参数为3，将时间线移至0:00:00:00，为"最大量"和"最小量"属性各自添加关键帧，如图5-45所示。

图 5-45

Step 07 将时间线移至0:00:02:00，再为两个属性添加关键帧，并设置参数都为0，如图5-46所示。

图 5-46

Step 08 选择两个关键帧，打开图标编辑器，按F9键添加"缓动"效果，并调整控制柄，如图5-47、图5-48所示。

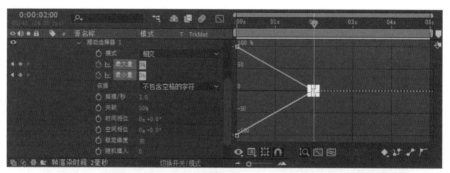

图 5-47

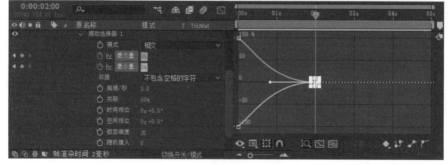

图 5-48

After Effects影视特效制作标准教程（全彩微课版）

Step 09 单击选择文本图层，再单击"动画"按钮，添加"不透明度"动画属性，系统将会添加一个新的动画制作工具，如图5-49所示。

图 5-49

Step 10 设置"不透明度"参数为0，再展开"范围选择器"属性列表，将时间线移至0:00:00:00，为"偏移"属性添加关键帧，如图5-50所示。

图 5-50

Step 11 将时间线移至0:00:01:00，再为"偏移"属性添加第二个关键帧，设置参数为100，如图5-51所示。

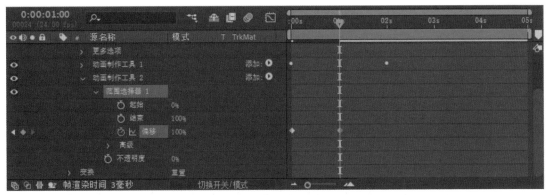

图 5-51

Step 12 按空格键预览动画效果，如图5-52所示。

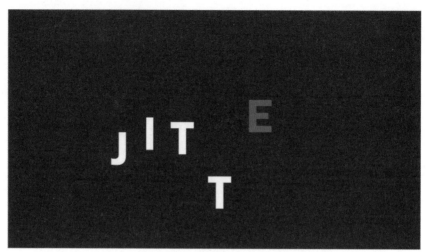

图 5-52

最后为文本图层添加"四色渐变"效果，保持默认参数。按空格键预览最终的动画效果，如图5-53、图5-54所示。

图 5-53

图 5-54

案例实战：制作彩色文字描边动画

　　本案例将利用文字轮廓制作彩色的描边动画效果，具体操作步骤如下。

　　Step 01 新建项目，再执行"合成"|"新建合成"命令，弹出"合成设置"对话框，选择"预设"模式并设置"持续时间"，如图5-55所示。

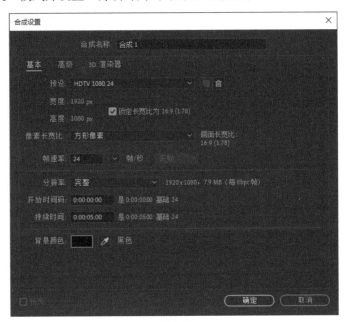

图 5-55

　　Step 02 单击"横排文字工具"，在"字符"面板设置文字字体、大小等参数，如图5-56所示。

　　Step 03 接着在"合成"面板单击并输入文字内容，调整文字位置，使其在"合成"面板中居中显示，如图5-57所示。

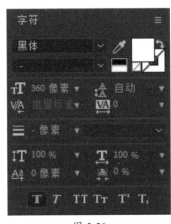

图 5-56

图 5-57

　　Step 04 在"时间轴"面板选择文本图层并右击，在弹出的快捷菜单中选择"创建"|"从文字创建形状"命令，即可根据文字创建一个轮廓图层，且系统会自动隐藏文本图层，如图5-58、图5-59所示。

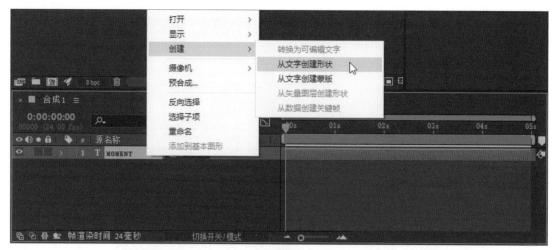

图 5-58

图 5-59

Step 05 激活"选取工具",选择轮廓图层,按住Alt键并在工具栏中多次单击"填充"色块以关闭填充,再次按住Alt键并单击"描边"色块,打开描边并设置描边的颜色和宽度,如图5-60所示。

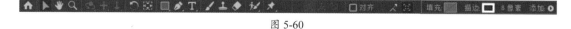

图 5-60

Step 06 此时在"合成"面板中可以看到文字轮廓的效果,如图5-61所示。

图 5-61

Step 07 展开轮廓图层的属性列表,单击"添加"按钮,为"内容"属性组添加"修剪路径"动画属性,如图5-62所示。

图 5-62

Step 08 展开"修剪路径"属性列表，将时间线移至0:00:00:00，为"开始"和"结束"属性添加关键帧，并设置属性参数都为100，如图5-63所示。

图 5-63

Step 09 将时间线移至0:00:02:00，再为"开始"和"结束"属性添加关键帧，并设置属性参数都为0，如图5-64所示。

图 5-64

Step 10 按住Shift键，选择"开始"属性的两个关键帧，并向右移动，如图5-65所示。

图 5-65

Step 11 按空格键即可预览文字描边效果，如图5-66所示。

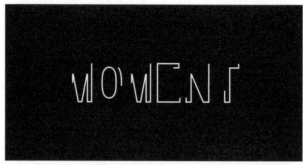

图 5-66

Step 12 选择轮廓图层，按Ctrl+D组合键进行复制，复制多个轮廓图层，如图5-67所示。

图 5-67

Step 13 分别为复制的轮廓设置颜色，如图5-68~图5-71所示。

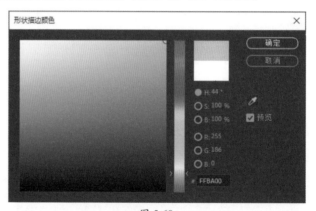

图 5-68

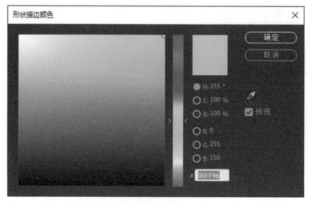

图 5-69

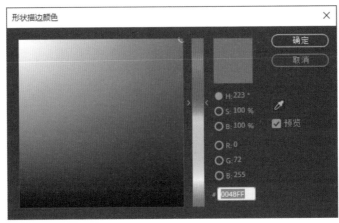

图 5-70

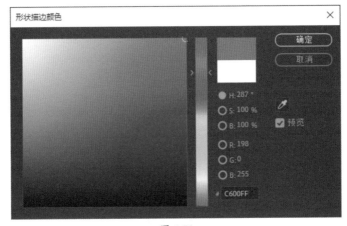

图 5-71

Step 14 选择五个轮廓图层，按快捷键U打开创建了关键帧的属性，如图5-72所示。

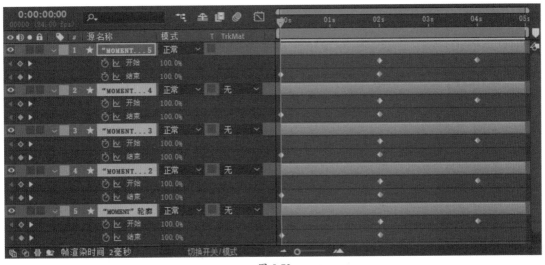

图 5-72

Step 15 调整各个图层关键帧的位置，如图5-73所示。

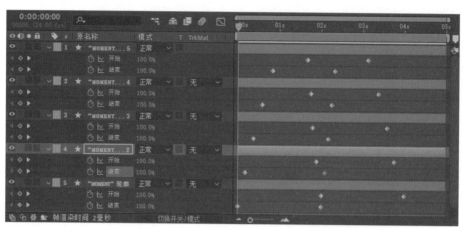

图 5-73

按空格键预览动画，即可看到彩色的文字描边效果，如图5-74、图5-75所示。

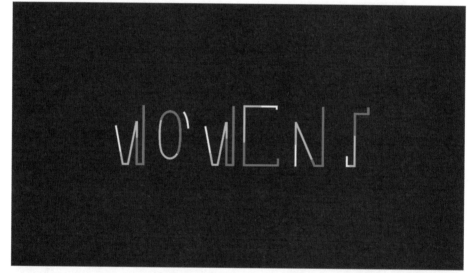

图 5-74

图 5-75

第6章
调色滤镜的应用

在影视制作的前期拍摄中，拍摄出来的图像往往会受到环境和设备等客观因素的影响，出现偏色、曝光不足或者曝光过度的现象，与真实效果有一定的偏差。这就需要对画面进行调色处理，最大程度还原其本来面貌或者进一步美化。

After Effects的调色滤镜主要集中在"色彩校正"滤镜组中，包括对图像的明度、对比度、饱和度以及色相等方面的调整，可以使画面更加清晰、色彩更加饱和、主题更加突出，从而达到改善图像质量的目的，制作更加理想的视频画面效果。

在影视制作中，图像的处理经常需要对图像颜色进行调整，色彩的调整主要通过调色滤镜进行修改。色彩校正效果组包括34个特效，集中了After Effects中最强大的图像调色修正特效，大大提高了工作效率。本节将为读者详细讲解比较基础的几种效果。

6.1.1 色阶

"色阶"效果主要通过重新分布输入颜色的级别来获取一个新的颜色输出范围，以达到修改图像亮度和对比度的目的。使用色阶可以扩大图像的动态范围，查看和修正曝光，以及提高对比度等。

选择图层，执行"效果"|"颜色校正"|"色阶"命令，即可为图层添加滤镜，在"效果控件"面板中设置"色阶"效果参数，如图6-1所示。

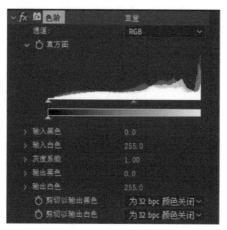

图 6-1

效果对比如图6-2、图6-3所示。

图 6-2

图 6-3

知识点拨

色阶效果可以用直方图描述整个图像的明暗信息，从左至右就是从暗至亮的像素分布，黑色三角代表纯黑，白色三角代表纯白，灰色三角代表中间调。

6.1.2 曲线

"曲线"效果可以对画面整体或单独颜色通道的色调范围进行精确控制。

选择图层，执行"效果"|"颜色校正"|"曲线"命令，即可为图层添加滤镜，在"效果控件"面板中设置"曲线"效果参数，如图6-4所示。

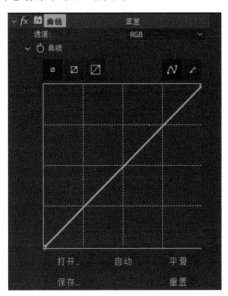

图 6-4

效果对比如图6-5、图6-6所示。

图 6-5

图 6-6

6.1.3 色相/饱和度

"色相/饱和度"效果可以通过调整某个通道颜色的色相、饱和度及亮度，对图像的某个色域局部进行调节。

选择图层，执行"效果"|"颜色校正"|"色相/饱和度"命令，即可为图层添加滤镜，在"效果控件"面板中设置"色相/饱和度"效果参数，如图6-7所示。

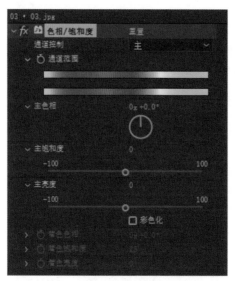

图 6-7

效果对比如图6-8、图6-9所示。

图 6-8

图 6-9

6.1.4　亮度和对比度

"亮度和对比度"效果主要用于调整画面的亮度和对比度，可以同时调整所有像素的亮部、暗部和中间色。

选择图层，执行"效果"|"颜色校正"|"亮度和对比度"命令，即可为图层添加滤镜，在"效果控件"面板中设置"亮度和对比度"效果参数，如图6-10所示。

图 6-10

效果对比如图6-11、图6-12所示。

图 6-11

图 6-12

Ae 6.2 其他调色滤镜

除了最主要的几个调色滤镜外，还有一些其他的滤镜经常会被用到。本节着重介绍较为常用的几种滤镜效果。

6.2.1 阴影/高光

"阴影/高光"效果可以单独处理图像的阴影和高光区域，使较暗区域变亮，较亮区域变暗，是一种高级调色特效。

选择图层，执行"效果"|"颜色校正"|"阴影/高光"命令，即可为图层添加滤镜，在"效果控件"面板中设置"阴影/高光"效果参数，如图6-13所示。

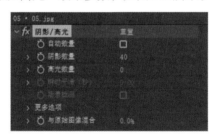
图 6-13

效果对比如图6-14、图6-15所示。

图 6-14

图 6-15

6.2.2　更改颜色

"更改颜色"效果可以调整所选颜色的色相、饱和度和亮度。

选择图层，执行"效果"|"颜色校正"|"更改颜色"命令，即可为图层添加滤镜，在"效果控件"面板中设置"更改颜色"效果参数，如图6-16所示。

图 6-16

效果对比如图6-17、图6-18所示。

图 6-17

图 6-18

6.2.3　Lumetri颜色

Lumetri颜色是一种非常强大的颜色特效，提供专业质量的颜色分级和颜色校正工具，集中在"基本校正""创意""曲线""色轮""HSL次要"以及"晕影"几个参数面板中，如图6-19~图6-24所示。

图 6-19

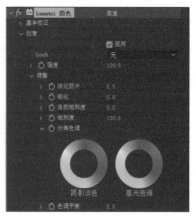

图 6-20

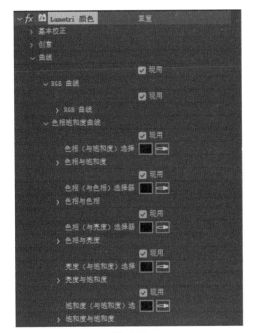

图 6-21

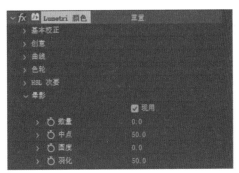

图 6-22

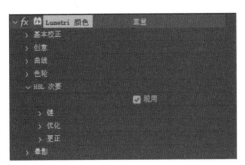

图 6-23

图 6-24

选择图层，执行"效果"|"颜色校正"|"Lumetri颜色"命令，即可为图层添加滤镜，效果对比如图6-25、图6-26所示。

图 6-25

图 6-26

动手练 **调整灰暗的视频效果**

本案例将利用"颜色校正"效果组中的"Lumetri颜色"效果对视频进行调整，使画面更加清晰明亮，具体操作步骤如下。

Step 01 新建项目，为"项目"面板导入准备好的素材，在素材上右击，在弹出的快捷菜单中选择"基于所选项新建合成"命令，如图6-27所示。

Step 02 系统会自动创建合成，并可以在"合成"面板中看到视频的当前效果，如图6-28所示。

图 6-27

图 6-28

Step 03 执行"图层"|"新建"|"调整图层"命令，创建一个新的调整图层，如图6-29所示。

Step 04 从"效果和预设"面板中搜索"Lumetri颜色"效果，添加到调整图层上，在"效果控件"面板中展开该效果的"基本校正"属性组，调整"色温""色调""曝光度""对比度""高光""阴影"参数，如图6-30所示。

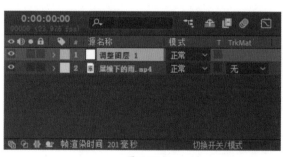

图 6-29

图 6-30

Step 05 当前"合成"面板中的画面效果如图6-31所示。

Step 06 展开"创意"属性组，调整"锐化""饱和度"参数，如图6-32所示。

图 6-31

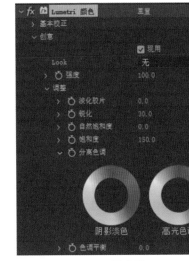

图 6-32

按空格键预览视频效果，如图6-33所示。

图 6-33

6.2.4 颜色平衡

"颜色平衡"效果可以对图像的暗部、中间调和高光部分的红、绿、蓝通道分别进行调整。

选择图层，执行"效果"|"颜色校正"|"颜色平衡"命令，即可为图层添加滤镜，在"效果控件"面板中设置"颜色平衡"效果参数，如图6-34所示。

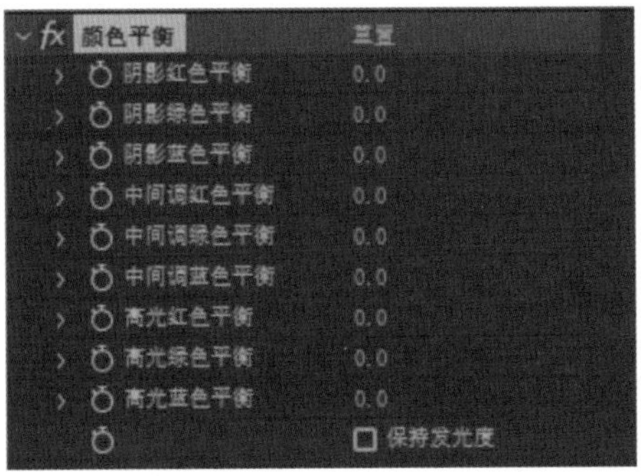

图 6-34

效果对比如图6-35、图6-36所示。

图 6-35

图 6-36

6.2.5 通道混合器

"通道混合器"可以使用当前层的亮度作为蒙版，从而调整另一个通道的亮度，并作用于当前层的各色彩通道。应用"通道混合器"可以产生其他颜色调整工具不易产生的效果；可以通过设置每个通道提供的百分比产生高质量的灰阶图；可以产生高质量的棕色调和其他色调图像；可以交换和复制通道。

选择图层，执行"效果"|"颜色校正"|"通道混合器"命令，即可为图层添加滤镜，在"效果控件"面板中设置"通道混合器"效果参数，如图6-37所示。

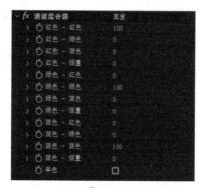
图 6-37

效果对比如图6-38、图6-39所示。

图 6-38

图 6-39

6.2.6　三色调

"三色调"效果可以将画面中的阴影、中间调和高光进行色彩映射处理，从而改变画面的色调。

图 6-40

选择图层，执行"效果"|"颜色校正"|"三色调"命令，即可为图层添加滤镜，在"效果控件"面板中设置"三色调"效果参数，如图6-40所示。

完成上述操作后，效果对比如图6-41、图6-42所示。

图 6-41

图 6-42

6.2.7　照片滤镜

"照片滤镜"效果可以为素材添加一个滤色镜，模拟为图像进行加温或减温的操作，快速矫正白平衡，以便和其他颜色统一。

选择图层，执行"效果"|"颜色校正"|"照片滤镜"命令，即可为图层添加滤镜，在"效果控件"面板中设置"照片滤镜"效果参数，如图6-43所示。

效果对比如图6-44、图6-45所示。

图 6-43

图 6-44

图 6-45

6.2.8　色调均化

"色调均化"效果又称为均衡，用于重新分布像素值，以达到更加均匀的亮度平衡，常用于增加画面对比度和饱和度。

选择图层，执行"效果"|"颜色校正"|"色调均化"命令，即可为图层添加滤镜，在"效果控件"面板中设置"色调均化"效果参数，如图6-46所示。

图 6-46

效果对比如图6-47、图6-48所示。

图 6-47

图 6-48

6.2.9　广播颜色

"广播颜色"效果用来校正广播级视频的颜色和亮度。

选择图层，执行"效果"|"颜色校正"|"广播颜色"命令，即可为图层添加滤镜，在"效果控件"面板中设置"广播颜色"效果参数，如图6-49所示。

图 6-49

效果对比如图6-50、图6-51所示。

图 6-50

图 6-51

6.2.10 保留颜色

"保留颜色"效果类似于指定颜色的颜色信息像素，通过脱色量去掉其他颜色。

选择图层，执行"效果"|"颜色校正"|"保留颜色"命令，即可为图层添加滤镜，在"效果控件"面板中设置"保留颜色"效果参数，如图6-52所示。

效果对比如图6-53、图6-54所示。

图 6-52

图 6-53

图 6-54

6.2.11 颜色链接

"颜色链接"效果可以根据周围的环境改变素材的色彩，对两个层的素材进行统一。

选择图层，执行"效果"|"颜色校正"|"颜色链接"命令，即可为图层添加滤镜，在"效果控件"面板中设置"颜色链接"效果参数，如图6-55所示。

效果对比如图6-56、图6-57所示。

图 6-55

图 6-56

图 6-57

6.2.12　灰度系数/基值/增益

　　"灰度系数/基值/增益"效果可以调整每个RGB独立通道的还原曲线值。

　　选择图层，执行"效果"|"颜色校正"|"灰度系数/基值/增益"命令，即可为图层添加滤镜，在"效果控件"面板中设置"灰度系数/基值/增益"效果参数，如图6-58所示。

　　效果对比如图6-59、图6-60所示。

图 6-58

图 6-59

图 6-60

动手练 制作暖色调效果

　　本案例利用"亮度和对比度""照片滤镜"等特效，将冷色调的照片调整成暖色调，具体操作步骤如下。

　　Step 01 新建项目，为"项目"面板导入准备好的素材，然后基于素材创建合成，如图6-61所示。

　　Step 02 执行"图层"|"新建"|"调整图层"命令，新建一个调整图层，如图6-62所示。

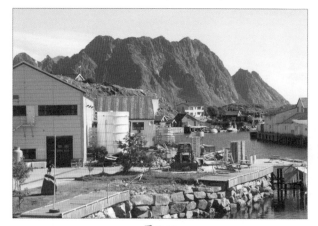

图 6-61

图 6-62

Step 03 从"颜色校正"效果组中选择"亮度和对比度"效果，添加到调整图层上，接着在"效果控件"面板设置参数，如图6-63所示。调整后的素材效果如图6-64所示。

图 6-63　　　　　　　　　　　　　　　　　　　　图 6-64

Step 04 从"颜色校正"效果组中选择"色相/饱和度"效果，添加到调整图层上，接着在"效果控件"面板分别选择红色、黄色、蓝色通道，并设置通道参数，如图6-65~图6-67所示。调整后的素材效果如图6-68所示。

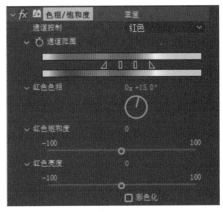

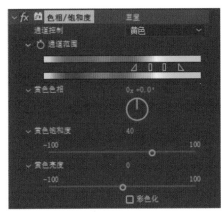

图 6-65　　　　　　　　　　　　　　　　　　　　图 6-66

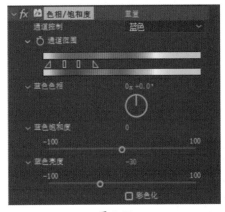

图 6-67　　　　　　　　　　　　　　　　　　　　图 6-68

Step 05 从"颜色校正"效果组中选择"照片滤镜"效果，添加到调整图层上，接着在"效果控件"面板中设置效果参数，如图6-69所示。调整后的素材效果如图6-70所示。

图 6-69   图 6-70

案例实战：制作电影色调效果

本案例将利用本章所学的知识将一段视频调整成电影色调效果，具体操作步骤如下。

Step 01 新建项目，为"项目"面板导入准备好的视频素材，然后基于素材创建合成，如图6-71所示。

Step 02 执行"图层"|"新建"|"调整图层"命令，新建一个调整图层，如图6-72所示。

图 6-71   图 6-72

Step 03 从"颜色校正"效果组中选择"亮度和对比度"效果，添加到调整图层上，接着在"效果控件"面板设置参数，如图6-73所示。调整后的素材效果如图6-74所示。

图 6-73

Step 04 从"颜色校正"效果组中选择"曲线"效果，添加到调整图层上，接着在"效果控件"面板设置参数，如图6-75所示。

图 6-74

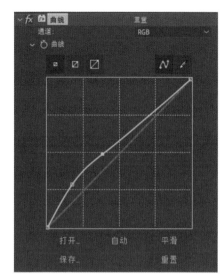

图 6-75

Step 05 调整后的素材效果如图6-76所示。

Step 06 从"颜色校正"效果组中选择"Lumetri颜色"效果，添加到调整图层上，接着在"效果控件"面板中分别设置属性参数，展开"基本校正"属性组，设置色温、对比度等参数，如图6-77所示。

图 6-76

图 6-77

Step 07 设置效果如图6-78所示。

Step 08 再展开"创意"属性组，设置锐化与分离色调等参数，如图6-79所示。

图 6-78

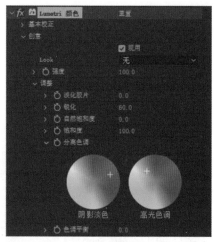

图 6-79

最终效果如图6-80所示。

图 6-80

第7章
常用视频特效的应用

　　After Effects的特效功能可以很方便地将静态图像制作成动态效果，也可以为动态影像制作更加绚丽的特效。在影视作品的制作过程中，通过添加滤镜特效，可以为视频文件添加特殊的处理，使其产生丰富的视频效果。本章主要介绍"风格化""生成""模糊和锐化""透视""扭曲""过渡"等特效组中一些常用特效的特点和应用。

"风格化"特效主要通过修改、置换原图像像素和改变图像的的对比度等操作为素材添加不同效果。特效组中提供25个滤镜特效供用户选择，本节将介绍较为常用的一些特效。

7.1.1 CC Glass

"CC Glass"滤镜特效可以通过对图像属性进行分析，添加高光、阴影以及一些微小的变形来模拟玻璃效果。为图层添加特效后，在"效果控件"面板中可以设置相关属性，如图7-1所示。常用属性含义如下。

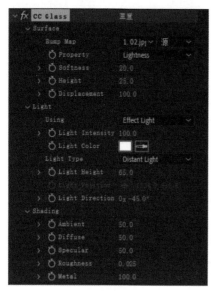

图 7-1

- **Bump Map（凹凸映射）：** 用于设置在图像中出现的凹凸效果的映射图层，默认图层为图层1。
- **Property（特性）：** 用于定义使用映射图层进行凹凸效果的方法，可影响光影变化。在右侧的下拉列表中提供6个选项。
- **Height（高度）：** 用于定义凹凸效果中的高度。默认数值范围为–50~50，可用数值范围为–100~100。
- **Displancement（置换）：** 用于设置原图像与凹凸效果的融合比例。默认数值范围为–100~100，可用数值范围为–500~500。

添加效果并设置参数，效果对比如图7-2、图7-3所示。

图 7-2

图 7-3

7.1.2 动态拼贴

"动态拼贴"效果可以复制源图像，使素材图像进行水平或垂直方向上的拼贴，产生类似墙砖的效果。为图层添加特效后，在"效果控件"面板中可以设置相关属性，如图7-4所示。常用属性含义如下。

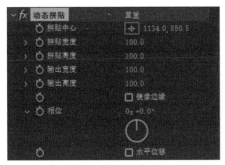

图 7-4

- **拼贴中心**：用于定义主要拼贴的中心。
- **拼贴宽度、拼贴高度**：用于设置拼贴尺寸，显示为输入图层尺寸的百分比。
- **输出宽度、输出高度**：用于设置输出图像的尺寸，显示为输入图层尺寸的百分比。
- **镜像边缘**：用于翻转临近拼贴，以形成镜像图像。
- **相位**：用于设置拼贴的水平或垂直位移。
- **水平位移**：可以使拼贴水平（而非垂直）位移。

添加效果并设置参数，效果对比如图7-5、图7-6所示。

图 7-5

图 7-6

7.1.3 发光

"发光"特效可以找到图像的较亮部分，然后使这些像素和周围的像素变亮，以创建出漫射的发光光环。该特效可以基于图像的原始颜色，也可以基于Alpha通道。为图层添加特效后，在"效果控件"面板中可以设置相关属性，如图7-7所示。常用属性含义如下。

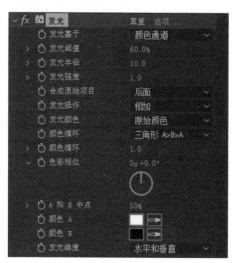

图 7-7

- **发光基于**：用于确定发光是基于颜色值还是透明度值。
- **发光阈值**：用于将阈值设置为不向其应用发光的亮度百分比。较低的数值会在图像的更多区域产生发光效果，较高的数值会在图像的更少区域产生发光效果。
- **发光半径**：用于设置发光效果从图像的明亮区域开始延伸的距离，以像素为单位。
- **发光强度**：用于设置发光的亮度。
- **合成原始项目**：用于指定如何合成效果和图层。
- **发光颜色**：发光的颜色。
- **颜色循环**：用于使用"颜色A"和"颜色B"控件指定的颜色，创建渐变发光。
- **色彩相位**：用于在颜色周期中，开始颜色循环的位置。
- **发光维度**：用于指定发光是水平的、垂直的还是两者兼有的。

添加效果并设置参数，效果对比如图7-8、图7-9所示。

图 7-8

图 7-9

After Effects影视特效制作标准教程（全彩微课版）

▍7.1.4 查找边缘

"查找边缘"特效可以确定具有大过渡的图像区域,并可强调边缘,通常看起来像是原始图像的草图。边缘可在白色背景上显示为深色线条,也可在黑色背景上显示为彩色线条。添加效果并设置参数,效果对比如图7-10、图7-11所示。

图 7-10

图 7-11

Ae 7.2 "生成"特效组

"生成"特效组的主要功能是为图像添加各种各样的填充或纹理,如圆形、渐变等,同时也可以通过添加音频来制作特效。特效组提供26个滤镜特效供用户选择,本节将介绍较为常用的一些特效。

▍7.2.1 勾画

"勾画"特效能够在画面上刻画物体的边缘,甚至可以按照蒙版路径的形状进行刻画。如果已经手动绘制出图像的轮廓,添加该特效后将会直接刻画该图像。为图层添加特效后,在"效果控件"面板中可以设置相关属性,如图7-12所示。常用属性含义如下。

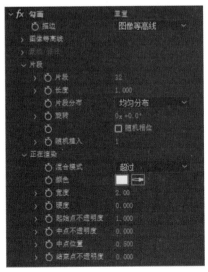

图 7-12

- **描边**：用于选择描边的方式，包括"图像等高线"和"蒙版/路径"两种。
- **图像等高线**：主要用于控制描边的细节，如描边对象、产生描边的通道等属性。选择描边方式为"图像等高线"时，会激活该属性组。
- **蒙版/路径**：选择"蒙版/路径"描边方式时，会激活该属性，用于选择蒙版路径。
- **片段**："勾画"特效的公用参数，主要用于设置描边的分段信息，如描边长度、分布形式、旋转角度等。
- **正在渲染**：主要用于设置描边的渲染参数。

添加效果并设置参数，效果对比如图7-13、图7-14所示。

图 7-13

图 7-14

7.2.2 四色渐变

"四色渐变"滤镜特效在一定程度上弥补了"渐变"滤镜在颜色控制方面的不足，使用该滤镜还可以模拟霓虹灯、流光溢彩等迷幻效果。为图层添加特效后，在"效果控件"面板中可以设置相关属性，如图7-15所示。常用属性含义如下。

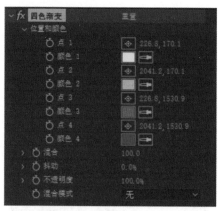

图 7-15

- **位置和颜色**：设置四色渐变的位置和颜色。
- **混合**：设置四种颜色之间的融合度。
- **抖动**：设置颜色的颗粒效果或扩展效果。

- **不透明度：** 设置四色渐变的不透明度。
- **混合模式：** 设置四色渐变与源图层的图层叠加模式。

添加效果并设置参数，效果对比如图7-16、图7-17所示。

图 7-16

图 7-17

7.2.3 描边

"写入"效果可以在图层上为描边设置动画，模拟草书文本或签名的笔记动作。为图层添加特效后，在"效果控件"面板中可以设置相关属性，如图7-18所示。常用属性含义如下。

图 7-18

- **画笔位置：** 笔刷的位置，为此属性设置关键帧可创建描边动画。
- **描边长度（秒）：** 每个笔刷标记的持续时间，以秒为单位。
- **画笔间距（秒）：** 笔刷标记之间的时间间隔，以秒为单位。值越小，绘画描边越平滑，但渲染时间越长。
- **绘画样式：** 绘画描边与原始图像相互作用的方式。

7.2.4 音频频谱

"音频频谱"特效主要是应用于视频图层，以显示包含音频（和可选视频）的图层的音频频谱。该效果可以多种不同方式显示音频频谱，包括沿蒙版路径。为图层添加特效后，在"效果控件"面板中可以设置相关属性，如图7-19所示。常用属性含义如下。

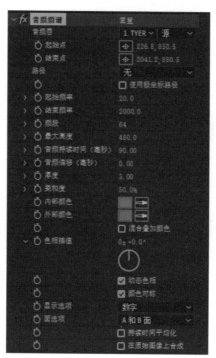

图 7-19

- **音频层**：要用作输入的音频图层。
- **起始点、结束点**：指定"路径"设置为"无"时，频谱开始或结束的位置。
- **路径**：沿其显示音频频谱的蒙版路径。
- **使用极坐标路径**：路径从单点开始，并显示为径向图。
- **起始频率、结束频率**：要显示的最低和最高频率，以赫兹为单位。
- **频段**：显示的频率分成的频段数量。
- **最大高度**：显示的频率的最大高度，以像素为单位。
- **音频持续时间**：用于计算频谱的音频的持续时间，以毫秒为单位。
- **音频偏移**：用于检索音频的时间偏移量，以毫秒为单位。
- **厚度**：频段的大小。
- **柔和度**：频段的羽化或模糊程度。
- **内部颜色、外部颜色**：频段的内部和外部颜色。
- **混合叠加颜色**：指定混合叠加频谱。
- **色相插值**：如果值大于 0，则显示的频率在整个色相颜色空间中旋转。
- **动态色相**：如果选择此选项，并且"色相插值"大于 0，则起始颜色在显示的频率范围内转移到最大频率。当此设置改变时，允许色相遵循显示的频谱的基频。
- **颜色对称**：如果选择此选项，并且"色相插值"大于 0，则起始颜色和结束颜色相同。此设置使闭合路径上的颜色紧密接合。
- **显示选项**：指定是以"数字""模拟谱线"还是"模拟频点"形式显示频率。三种显示形式如图7-20所示。

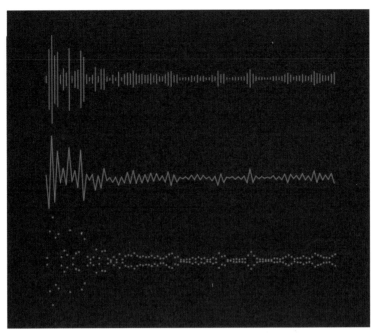

图 7-20

动手练 制作写字动画

本案例将利用"描边"特效结合钢笔工具制作一个写字动画效果，具体操作步骤如下。

Step 01 新建项目，将准备好的素材导入"项目"面板，并基于素材创建合成，如图7-21所示。

Step 02 选择合成，执行"合成"|"合成设置"命令，弹出"合成设置"对话框，这里设置"持续时间"为5s，如图7-22所示。

图 7-21

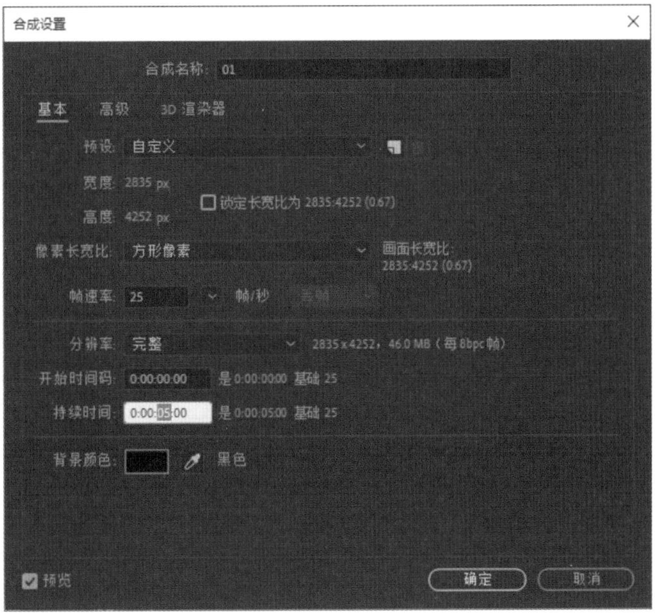

合成设置	×

合成名称: 01

基本　高级　3D 渲染器

预设: 自定义

宽度: 2835 px
　　　　☐ 锁定长宽比为 2835:4252 (0.67)
高度: 4252 px

像素长宽比: 方形像素　　　　画面长宽比
　　　　　　　　　　　　　　2835:4252 (0.67)

帧速率: 25　　∨　帧/秒

分辨率: 完整　　　　2835 x 4252, 46.0 MB（每 8bpc 帧）

开始时间码: 0:00:00:00　是 0:00:00:00 基础 25

持续时间: 0:00:05:00　是 0:00:05:00 基础 25

背景颜色: ⬛ 🖉 黑色

☑ 预览　　　　　　　（确定）（取消）

图 7-22

Step 03 在工具栏中单击"直排文字工具"，在"字符"面板中设置文字属性，然后在"合成"面板上单击并输入文字内容，调整文字位置，如图7-23所示。

图 7-23

Step 04 选择文本图层，在工具栏中单击"钢笔工具"，沿文字笔画绘制路径，并适当调整顶点，如图7-24所示。

Step 05 选择"生成"特效组中的"描边"效果，添加到文本图层，在"效果控件"面板中系统会自动选择描边路径，再设置"画笔大小"参数，选择"绘画样式"为"显示原始图像"，如图7-25所示。

图 7-24

图 7-25

Step 06 在"时间轴"面板展开文本图层的"效果"属性面板，移动时间线至0:00:00:00处，在"描边"效果属性列表中为"结束"属性添加第一个关键帧，并设置参数为0.0%，如图7-26所示。

图 7-26

Step 07 将时间线移至结尾处，再为"结束"属性添加第二个关键帧，并设置参数为
100.0%，如图7-27所示。

图 7-27

至此完成项目的制作，按空格键即可预览动画效果。

Ae 7.3 "模糊和锐化"特效组

通常，模糊效果会对特定像素周围的区域采样，并将采样值的平均值作为新值分配给此像
素。无论大小是以半径还是长度形式表示，只要样本大小增加，模糊度就会增加。特效组中提
供16个滤镜特效供用户选择，本节将介绍较为常用的一些特效。

7.3.1 径向模糊

"径向模糊"滤镜特效围绕自定义的一个点产生模糊效果，越靠外模糊程度越强，常用来模
拟镜头的推拉和旋转效果。在图层高质量开关打开的情况下，可以指定抗锯齿的程度，在草图
质量下没有抗锯齿的作用。为图层添加特效后，在"效果控件"面板中可以设置相关属性，如
图7-28所示。常用属性含义如下。

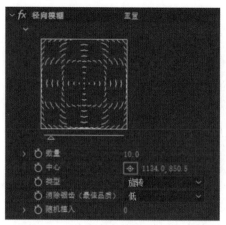

图 7-28

- **数量**：设置径向模糊的强度。
- **中心**：设置径向模糊的中心位置。
- **类型**：设置径向模糊的样式，包括旋转、缩放两种样式。
- **消除锯齿（最佳品质）**：设置图像的质量，包括低和高两种选择。

添加效果并设置参数，效果对比如图7-29、图7-30所示。

图 7-29

图 7-30

7.3.2 快速方框模糊

"快速方框模糊"滤镜特效经常用于模糊和柔化图像，去除画面中的杂点，在大面积应用的时候速度更快。为图层添加特效后，在"效果控件"面板中可以设置相关属性，如图7-31所示。常用属性含义如下。

图 7-31

- **模糊半径**：设置糊面的模糊强度。

- **模糊方向：** 设置图像模糊的方向，包括水平和垂直、水平、垂直3种。
- **迭代：** 主要用来控制模糊质量。
- **重复边缘像素：** 主要用来设置图像边缘的模糊。

添加效果并设置参数，效果对比如图7-32、图7-33所示。

图 7-32

图 7-33

Ae 7.4 "透视"特效组

透视效果可以为图像制作透视效果，也可以为二维素材添加三维效果。特效组中提供10个滤镜特效供用户选择，本节将介绍较为常用的一些特效。

7.4.1 径向阴影

"径向阴影"滤镜特效可以根据图像的Alpha通道为图像绘制阴影效果。为图层添加特效后，在"效果控件"面板中可以设置相关属性，如图7-34所示。常用属性含义如下。

图 7-34

- **阴影颜色：** 设置阴影的颜色。
- **不透明度：** 设置阴影的透明程度。
- **光源：** 设置光源位置。
- **投影距离：** 设置投影与图像之间的距离。
- **柔和度：** 设置投影的柔和程度。
- **渲染：** 设置阴影的渲染方式为正常或玻璃边缘。
- **颜色影响：** 设置颜色对投影效果的影响程度。

- **仅阴影：** 勾选该复选框可以只显示阴影模式。
- **调整图层大小：** 勾选该复选框可以调整图层大小。

添加效果并设置参数，效果对比如图7-35、图7-36所示。

图 7-35

图 7-36

7.4.2 斜面Alpha

"斜面Alpha"滤镜特效可以通过二维的Alpha通道使图像出现分界，形成假三维的倒角效果，特别适合包含文本的图像。为图层添加特效后，在"效果控件"面板中可以设置相关属性，如图7-37所示。常用属性含义如下。

图 7-37

- **边缘厚度：** 用来设置图像边缘的厚度效果。
- **灯光角度：** 用来设置灯光照射的角度。
- **灯光颜色：** 用来设置灯光照射的颜色。
- **灯光强度：** 用来设置灯光照射的强度。

添加效果并设置参数，效果对比如图7-38、图7-39所示。

图 7-38

图 7-39

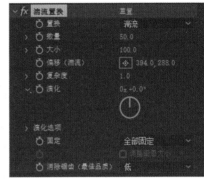

Ae 7.5 "扭曲"特效组

扭曲效果是在不损坏图像质量的前提下，对图像进行拉伸、扭曲、挤压等操作，模拟出三维空间效果，从而展现出较为逼真的立体画面。特效组中提供37个滤镜特效供用户选择，本节将介绍较为常用的一些特效。

7.5.1 湍流置换

"湍流置换"特效可以利用不规则的变形置换图层，对图像进行扭曲变形，制作出流体效果，如流水、烟雾等。为图层添加特效后，在"效果控件"面板中可以设置相关属性，如图7-40所示。常用属性含义如下。

- **置换：**用于选择湍流的类型。包括湍流、凸出、扭转、湍流较平滑、凸出较平滑、扭转较平滑、垂直置换、水平置换、交叉置换9种。
- **数量：**数值越高，扭曲效果越强烈。
- **大小：**数值越高，扭曲范围越大。

图 7-40

- **偏移（湍流）：**用于创建扭曲的部分分形形状。
- **复杂度：**确定湍流的详细程度。数值越低，扭曲越平滑。
- **演化：**可为此演化设置动画关键帧，使湍流随时间变化。
- **演化选项：**用于提供控件，以便在一次短循环中渲染效果，然后在图层持续时间内循环。
- **固定：**指定要固定的边缘，以使沿这些边缘的像素不进行置换。

添加效果并设置参数，效果对比如图7-41、图7-42所示。

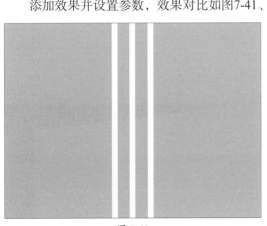

图 7-41

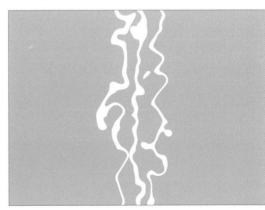

图 7-42

7.5.2 置换图

"置换图"特效可以根据指定的控件图层中的像素颜色值置换像素，从而扭曲图层。"置换图"效果创建出的扭曲类型各不相同，具体取决于选择的控件图层和选项。为图层添加特效

图 7-43

后，在"效果控件"面板中可以设置相关属性，如图7-43所示。常用属性含义如下。

- **置换图层**：选择指定的控件图层，而不考虑任何效果或蒙版。如果希望将控件图层与其效果结合使用，需预合成此图层。
- **扩展输出**：勾选该复选框后，可使此效果的结果扩展到应用效果图层的原始边界之外。

添加效果并设置参数，效果对比如图7-44~图7-46所示。

图 7-44

图 7-45

图 7-46

7.5.3 边角定位

"边角定位"特效可以通过重新定位其四个边角中的每一个边角来扭曲图像，可用于伸展、收缩、倾斜或扭转图像，或者模拟从图层边缘开始转动的透视或运动，如开门。

为图层添加特效后，在"效果控件"面板中可以设置相关属性，效果对比如图7-47、图7-48所示。

图 7-47

图 7-48

动手练 制作文字故障动画

本案例将利用"分形杂色"和"置换图"效果制作文字故障动画效果,具体操作步骤如下。

Step 01 新建项目,执行"合成"|"新建合成"命令,弹出"合成设置"对话框,选择"预设"模式为"PAL D1/DV宽银幕方形像素",设置"持续时间"为10s,如图7-49所示。

图 7-49

Step 02 单击"横排文字工具",在"合成"面板单击并输入文字内容,然后在"字符"面板中设置文字字体、大小等参数,如图7-50、图7-51所示。

图 7-50

图 7-51

Step 03 选择文本图层,右击,在弹出的快捷菜单中选择"预合成"命令,选择"将所有属性移动到新合成"选项,创建预合成图层,如图7-52、图7-53所示。

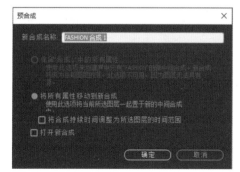

图 7-52

图 7-53

Step 04 执行"图层"|"新建"|"纯色"命令，弹出"纯色设置"对话框，保持默认参数并单击"确定"命令，即可创建一个纯色图层，如图7-54所示。

Step 05 从"杂色和颗粒"特效组中选择"分形杂色"效果，添加到纯色图层上，如图7-55所示。

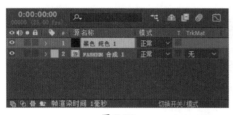

图 7-54

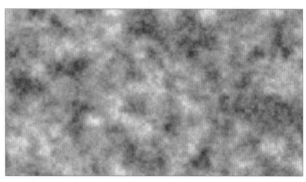

图 7-55

Step 06 在"效果控件"面板中设置"分形类型""杂色类型""对比度"等属性参数，如图7-56所示。

Step 07 调整后可以看到分形杂色效果的变化，如图7-57所示。

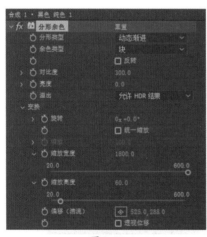

图 7-56

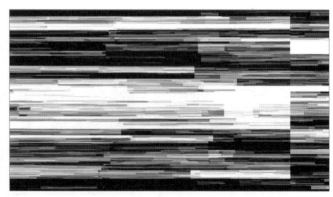

图 7-57

Step 08 在"时间轴"面板展开"分形杂色"属性列表，将时间线移至0:00:00:00处，为"演化"属性添加第一个关键帧，如图7-58所示。

图 7-58

Step 09 将时间线移至结尾，添加第二个关键帧，并设置参数，如图7-59所示。

图 7-59

Step 10 将纯色图层创建为预合成，按Ctrl+D组合键复制图层，调整图层顺序，如图7-60所示。

图 7-60

Step 11 选择第一层的预合成图层，双击进入合成，选择预合成内的纯色图层，展开属性列表，分别在起始位置和结束位置为"亮度"属性添加关键帧，如图7-61、图7-62所示。

图 7-61

图 7-62

Step 12 返回"合成1"，为文本预合成图层设置轨道遮罩为"亮度遮罩"，并隐藏最底部的预合成图层，如图7-63所示。

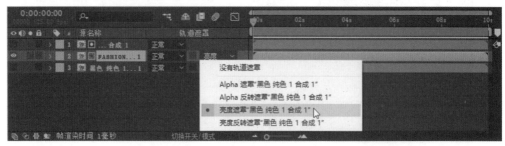

图 7-63

Step 13 按空格键预览动画，可以看到文字故障效果的雏形，如图7-64所示。

图 7-64

Step 14 为文本预合成图层添加"置换图"特效，在"时间轴"面板中展开属性列表，选择"置换图层"，再为"最大水平置换"属性添加关键帧，如图7-65、图7-66所示。

图 7-65

图 7-66

Step 15 选择三个图层，将其创建为预合成，并命名为"故障"，选中"将所有属性移动到新合成"单选按钮，如图7-67所示。

Step 16 为"故障"图层添加"转换通道"效果，在"效果控件"面板中设置通道参数，如图7-68所示。

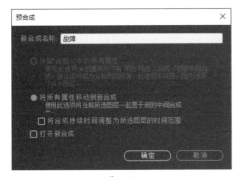

图 7-67

图 7-68

Step 17 按Ctrl+D组合键复制图层，再调整图层的入点，如图7-69所示。

图 7-69

至此完成文字故障动画的制作，按空格键即可预览效果，如图7-70所示。

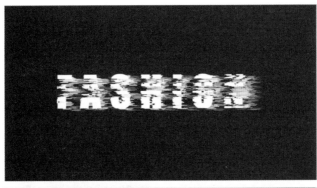

图 7-70

After Effects的过渡特效可以为图层添加特殊效果，并实现转场过渡，可以让图像和视频展示出神奇的视觉效果。特效组中有17个滤镜特效可供用户选择，本节将介绍较为常用的一些特效。

7.6.1 卡片擦除

"卡片擦除"滤镜特效可以模拟卡片的翻转，并通过擦除切换到另一个画面。为上方图层添加特效后，在"效果控件"面板中可以设置相关属性，如图7-71所示。常用属性含义如下。

图 7-71

- **过渡完成**：控制转场完成的百分比。
- **过渡宽度**：控制卡片的擦拭宽度。
- **背面图层**：在下拉列表中设置一个与当前层进行切换的背景。
- **行数**：设置卡片行的值。
- **列数**：设置卡片列的值。
- **卡片缩放**：控制卡片的尺寸大小。
- **翻转轴**：在下拉列表中设置卡片翻转的坐标轴方向。
- **翻转方向**：在下拉列表中设置卡片翻转的方向。
- **翻转顺序**：设置卡片翻转的顺序。
- **渐变图层**：设置一个渐变层，影响卡片切换效果。
- **随机时间**：可以对卡片进行随机定时设置。
- **随机植入**：设置卡片的随机切换。"随机时间"为0时该属性不起作用。

- **摄像机系统**：控制用于滤镜的摄像机系统。
- **位置抖动**：可以对卡片的位置进行抖动设置，使卡片产生颤动的效果。
- **旋转抖动**：可以对卡片的旋转进行抖动设置。

调整参数可以看到不同的过渡效果，如图7-72、图7-73所示。

图 7-72

图 7-73

7.6.2 百叶窗

"百叶窗"滤镜特效通过分割的方式对图像进行擦拭，以达到切换转场的目的，就如同生活中的百叶窗闭合一样。为上方图层添加特效后，在"效果控件"面板中可以设置相关属性，如图7-74所示。常用属性含义如下。

图 7-74

- **过渡完成**：控制转场完成的百分比。
- **方向**：控制擦拭的方向。
- **宽度**：设置分割的宽度。
- **羽化**：控制分割边缘的羽化。

调整参数可以看到不同的过渡效果，如图7-75、图7-76所示。

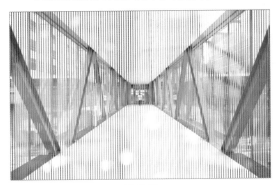

图 7-75

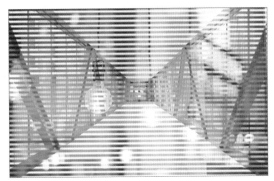

图 7-76

⚛ 案例实战：制作光线游动动画

本案例将利用勾画、发光等特效制作一个光线游动的动画效果，具体操作步骤如下。

Step 01 新建项目，再新建合成，选择预设模式，并设置持续时间，如图7-77所示。

Step 02 执行"图层"|"新建"|"纯色"命令，新建一个纯色图层，单击"星形工具"，按Ctrl+Shift组合键，在"合成"面板绘制一个星形路径，如图7-78所示。

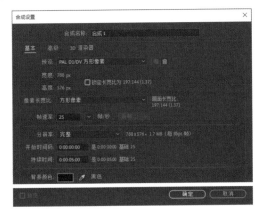

图 7-77

图 7-78

Step 03 从"生成"特效组中选择"勾画"效果，添加到纯色图层上，在"效果控件"面板中选择"勾画"效果的描边类型，并设置片段、硬度等参数，如图7-79所示。

Step 04 在"合成"面板中单击"切换蒙版和形状路径可见性"按钮，取消显示路径，效果如图7-80所示。

图 7-79

图 7-80

Step 05 在"时间轴"面板展开图层效果的属性列表，为"勾画"效果的"旋转"属性添加两个关键帧，如图7-81、图7-82所示。

图 7-81

图 7-82

Step 06 按空格键预览动画，即可看到光线游动效果。

Step 07 再为纯色图层添加"发光"效果，在"效果控件"面板中设置发光阈值、发光半径、颜色等参数，如图7-83所示。

Step 08 在"合成"面板中可以看到效果，如图7-84所示。

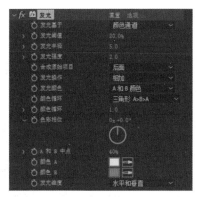

图 7-83

图 7-84

Step 09 选择纯色图层，按Ctrl+D组合键复制图层，并将其重命名为"光"，如图7-85所示。

Step 10 重新调整"勾画"效果的属性参数，如图7-86所示。

图 7-85

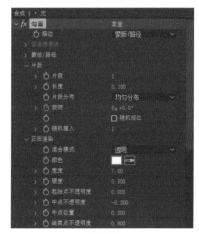

图 7-86

Step 11 展开"时间轴"面板的属性列表，调整"旋转"属性的两个关键帧参数，如图7-87、图7-88所示。

图 7-87

图 7-88

Step 12 再重新调整"发光"效果的参数，如图7-89所示。

Step 13 调整后效果如图7-90所示。

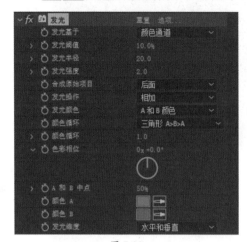

图 7-89

图 7-90

Step 14 新建一个纯色图层，重新命名为"背景"，再将图层移至底层，如图7-91所示。

Step 15 为背景图层添加"梯度渐变"效果，在"效果控件"面板中调整渐变起点及终点，再设置渐变颜色，如图7-92所示。

图 7-91

图 7-92

至此完成项目动画的制作，按空格键即可预览动画效果，如图7-93所示。

图 7-93

第8章
仿真粒子特效的应用

自然界中存在很多个体独立而整体类似的物体运动，这些物体相互之间各有不同又相互制约，我们称之为粒子。粒子特效是After Effects中常用的一种效果，可以快速模拟各种自然效果，而且可以制作空间感和奇幻感的画面效果，主要用来渲染画面的气氛，让画面看起来更加美观、震撼、迷人。

Ae 8.1 "模拟"效果组

通过"模拟"特效,可以模拟自然界中大量相似物体独立运动的效果,如雨点、雪花、爆炸等。"模拟"特效组中有18个滤镜特效可供用户选择,本节将介绍较为常用的一些特效。

8.1.1 CC Drizzle

CC Drizzle(细雨)效果可以模拟雨滴落在水面的涟漪效果。

选择图层,执行"效果"|"模拟"|CC Drizzle命令,打开"效果控件"面板,在该面板中用户可以设置相关参数,如图8-1所示。常用属性含义如下。

- **Drip Rate(雨滴速率):** 用于设置雨滴滴落的速度。
- **Longevity(sec)(寿命(秒)):** 用于设置涟漪存在的时间。
- **Rippling(涟漪):** 用于设置涟漪扩散的角度。
- **Displacement(置换):** 用于设置涟漪的位移程度。
- **Ripple Height(波高):** 用于设置涟漪扩散的高度。
- **Spreading(传播):** 用于设置涟漪扩散的范围。

添加效果并设置参数,效果如图8-2所示。

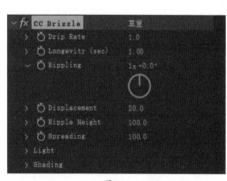

图 8-1

图 8-2

8.1.2 CC Particle World

CC Particle World(粒子世界)效果可以产生三维粒子运动,是CC插件中比较常用的一款粒子插件。下面介绍"效果控件"面板中较为重要的参数。

1. Grid&Guides(网格 & 指导)

该属性组主要用于设置网格的显示与大小参数。

2. Birth Rate(出生率)

该属性组主要用于设置粒子的出生率。

3. Longevity(sec)(寿命)

该属性组主要用于设置粒子的存活寿命。

4. Producer（生产者）

该属性组主要用于设置生产粒子的位置和半径相关的属性，如图8-3所示。常用属性含义如下。

- **Position X/Y/Z（位置X/Y/Z）**：用于设置生产粒子的位置。
- **Radius X/Y/Z（X/Y/Z轴半径）**：用于设置X/Y/Z轴半径大小。

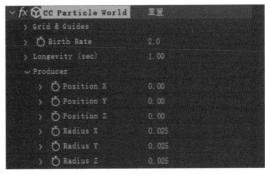

图 8-3

5. Physics（物理）

该属性组主要用于设置粒子的物理相关属性，如图8-4所示。常用属性含义如下。

- **Animation（动画）**：用于设置粒子的动画类型。
- **Velocity（速率）**：用于设置粒子的速率。
- **Inherit Velocity%（继承速率）**：用于设置粒子的继承速率。

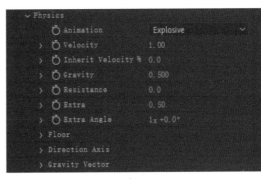

图 8-4

- **Gravity（重力）**：用于设置粒子的重力效果。
- **Resistance（阻力）**：用于设置粒子的阻力大小。
- **Extra（附加）**：用于设置粒子的附加程度。
- **Extra Angle（附加角度）**：用于设置粒子的附加角度。
- **Floor（地面）**：用于设置地面的相关属性。
- **Direction Axis（方向轴）**：用于设置X/Y/Z三个轴向参数。
- **Gravity Vector（引力向量）**：用于设置X/Y/Z三个轴向的引力向量。

6. Particle（粒子）

该属性组主要用于设置粒子的相关属性，如图8-5所示。常用属性含义如下。

- **Particle Type（粒子类型）**：用于设置粒子的类型，下拉列表中有22种类型可供选择。
- **Texture（纹理）**：用于设置粒子的纹理效果。
- **Birth Size（出生大小）**：用于设置粒子的出生大小。
- **Death Size（死亡大小）**：用于设置粒子的死亡大小。
- **Size Variation（大小变化）**：用于设

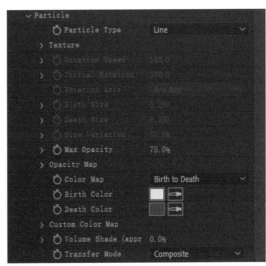

图 8-5

置粒子的大小变化。

- **Opacity Map（不透明度映射）：** 用于设置不透明度效果，包括淡入、淡出等。
- **Max Opacity（最大透明度）：** 用于设置粒子的最大透明度。
- **Color Map（颜色映射）：** 用于设置粒子的颜色映射效果。
- **Death Color（死亡颜色）：** 用于设置死亡颜色。
- **Custom Color Map（自定义颜色映射）：** 用于进行自定义颜色映射。
- **Transfer Mode（传输模式）：** 用于设置粒子的传输混合模式。

7. Extras（附加功能）

该属性组主要用于设置粒子的相关附加功能。

选择图层，为其添加CC Particle World特效，在"效果控件"面板中设置相应的特效参数，可以制作如图8-6、图8-7所示的效果。

图 8-6

图 8-7

8.1.3 CC Rainfall

CC Rainfall（下雨）特效可模拟有折射和运动的降雨效果。

选择图层，执行"效果"|"模拟"|CC Rainfall 命令，打开"效果控件"面板，在该面板中用户可以设置相关参数，如图8-8所示。常用属性含义如下。

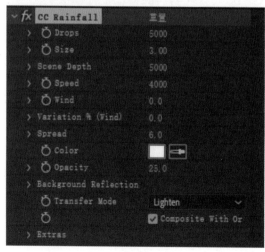
图 8-8

- **Drops（数量）：** 用于设置下雨的雨量。数值越小，雨量越小。
- **Size（大小）：** 用于设置雨滴的尺寸。
- **Scene Depth（场景深度）：** 用于设置远近效果。景深越深，效果越远。
- **Speed（速度）：** 用于设置雨滴移动的速度。数值越大，雨滴移动得越快。
- **Wind（风力）：** 用于设置风速，会对雨滴产生一定的干扰。
- **Variations %（wind）（变量%（风））：** 用于设置风场的影响度。

- **Spread（伸展）**：用于设置雨滴的扩散程度。
- **Color（颜色）**：用于设置雨滴的颜色。
- **Opacity（不透明度）**：用于设置雨滴的透明度。

添加效果并设置参数，效果对比如图8-9、图8-10所示。

图 8-9

图 8-10

8.1.4 碎片

"碎片"命令可以对图像进行粉碎和爆炸处理，并可以对爆炸的位置、力量和半径等参数进行控制。

选中图层，在"效果和预设"面板中打开"模拟"效果列表，从中选择"碎片"效果，双击即可将效果添加到图层上，用户可以在"效果控件"面板中设置相关参数。

1. 视图

该属性主要设置爆炸效果的显示方式。

2. 渲染

该属性主要设置显示的目标对象，包括全部、图层和碎片。

3. 形状

该属性组主要设置碎片的图案类型、角度、厚度等，如图8-11所示。常用属性含义如下。

- **图案**：用于设置爆炸碎片的外形。
- **自定义碎片图**：可以自定义设置碎片的形状。
- **白色拼贴已修复**：勾选该复选框，可以开启白色平铺的适配功能。
- **重复**：用于设置碎片的重复数量。
- **方向**：用于设置碎片产生时的方向。
- **源点**：用于设置碎片产生的焦点位置。
- **凸出深度**：用于设置碎片的厚度。

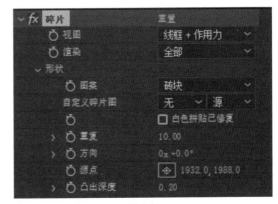
图 8-11

4. 作用力 1/2

该属性组主要设置力产生的位置、深度、半径大小、强度参数。

5. 渐变

该属性组主要设置爆炸碎片的界限和图层，如图8-12所示。常用属性含义如下。

图 8-12

- **碎片阀值：**用于指定碎片的界限值。
- **渐变图层：**用于设置合成图像中的一个层作为爆照层。
- **反转渐变：**选择该复选框，可以反转爆炸层。

6. 物理学

该属性组主要设置碎片物理方面的属性，如旋转速度、重力等，如图8-13所示。常用属性含义如下。

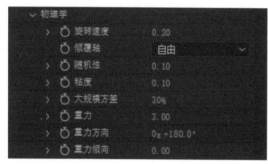

图 8-13

- **旋转速度：**用于设置爆炸产生的碎片的旋转速度。
- **倾覆轴：**用于设置爆炸产生的碎片如何翻转。
- **随机性：**用于设置碎片飞散的随机值。
- **粘度：**用于设置碎片的粘性。
- **大规模方差：**用于设置爆炸碎片的百分比。
- **重力：**用于设置爆炸的重力。

- **重力方向：**用于设置重力的方向。
- **重力倾斜：**用于设置重力的倾斜度。

7. 纹理

该属性主要用于设置摄像机系统的位置。

8. 摄像机位置

该属性组主要用于设置爆炸特效的摄像机系统。

9. 边角定位

当选择Corner Pins作为摄像机系统时，可激活该属性组的相关属性。

10. 灯光

该属性组主要设置灯光相关参数，如图8-14所示。常用属性含义如下。

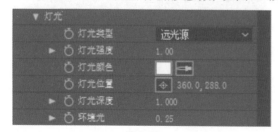

图 8-14

- **灯光类型：**用于设置灯光的使用方式。
- **灯光强度：**用于设置灯光的照明强度。
- **灯光颜色：**用于设置灯光光源的颜色。

- **灯光位置：**用于设置灯光光源在X、Y轴的位置。
- **灯光深度：**用于设置光源在Z轴的位置。
- **环境光：**用于设置灯光在层中的环境光强度。

11. 材质

该属性组主要设置碎片的材质效果，包括漫反射、强度、高光。

将"碎片"效果添加到图层上之后，设置相关参数，拖动时间轴即可看到碎片产生的过程，如图8-15、图8-16所示。

图 8-15

图 8-16

8.1.5　粒子运动场

"粒子运动场"是基于After Effects的一个很重要的特效，可以从物理学和数学角度对各类自然效果进行描述，模拟现实世界中各种符合自然规律的粒子运动效果，如星空、雪花、下雨和喷泉等。本节将为读者详细讲解该特效的相关参数和应用。

选中图层，执行"效果"|"模拟"|"粒子运动场"命令，即可为图层添加该特效。在"效果控件"面板中可以设置相应的特效参数。

1. 发射

该属性组主要用于设置粒子发射的相关属性，如图8-17所示。常用属性含义如下。

- **位置：**用于设置粒子发射的位置。
- **圆筒半径：**用于设置发射半径。

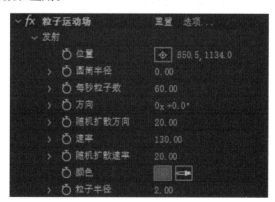

图 8-17

167

- **每秒粒子数：** 用于设置每秒钟粒子发出的数量。
- **方向：** 用于设置粒子发射的方向。
- **随机扩散方向：** 用于设置粒子发射方向的随机偏移方向。
- **速率：** 用于设置粒子发射速率。
- **随机扩散速率：** 用于设置粒子发射速率的随机变化。
- **颜色：** 用于设置粒子颜色。
- **粒子半径：** 用于设置粒子的半径大小。

2. 网格

该属性组主要用于设置在一组网格的交叉点处生成一个连续的粒子面，如图8-18所示。常用属性含义如下。

图 8-18

- **粒子半径：** 用于设置粒子的半径大小。

- **位置：** 用于设置网格中心的坐标位置。
- **宽度：** 用于设置网格的宽度。
- **高度：** 用于设置网格的高度。
- **粒子交叉：** 用于设置网格区域中水平方向上分布的粒子数。
- **粒子下降：** 用于设置网格区域中垂直方向上分布的粒子数。
- **颜色：** 用于设置圆点或文本字符的颜色。

3. 图层爆炸 / 粒子爆炸

"图层爆炸"属性组可以分裂一个层作为粒子，用来模拟爆炸效果，"粒子爆炸"属性组可以把一个粒子分裂成很多新的粒子，迅速增加粒子数量，如图8-19所示。

图 8-19

"图层爆炸"属性组中的相关属性如下。
- **引爆图层：** 用于设置要爆炸的图层。
- **新粒子的半径：** 用于设置爆炸所产生的新粒子的半径。
- **分散速度：** 用于设置粒子分散的速度。

"粒子爆炸"属性组中的相关属性如下。
- **新粒子的半径：** 用于设置新粒子的半径。

- **分散速度：** 用于设置新粒子的分散速度。
- **影响：** 用于设置哪些粒子受影响。

图 8-20

4. 图层映射

该属性组可以设置合成图像中任意图层作为粒子的贴图来替换粒子，如图8-20所示。常用属性含义如下。

- **使用图层：**用于设置作为映像的层。
- **时间偏移类型：**用于设置时间位移类型。
- **时间偏移：**用于设置时间位移效果参数。

5. 重力

"重力"属性组主要用于设置粒子的重力场。"排斥"属性组主要用于设置粒子间的排斥力。参数面板如图8-21所示。

"重力"组的属性如下。

- **力：**用于设置粒子下降的重力大小。
- **随机扩散力：**用于设置粒子向下降落的随机速率。
- **方向：**默认值为180°，重力方向向下。

"排斥"组的属性如下。

- **力：**用于设置排斥力的大小。
- **力半径：**用于设置粒子所受到排斥的半径范围。
- **排斥物：**用于设置哪些粒子作为一个粒子子集的排斥源。

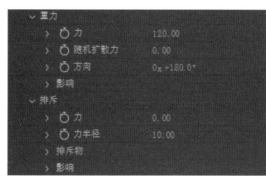

图 8-21

6. 墙

该属性组主要用于设置粒子的墙属性。常用属性含义如下。

- **边界：**用于设置一个封闭区域作为边界墙。
- **反击：**用于设置哪些粒子受选项影响。

7. 永久属性映射器 / 短暂属性映射器

这两个属性组主要用于设置持续性/短暂性的属性映像器。

通过创建多个"粒子运动场"特效，并设置不同的参数，可以模拟非常逼真的粒子运动效果，对比效果如图8-22、图8-23所示。

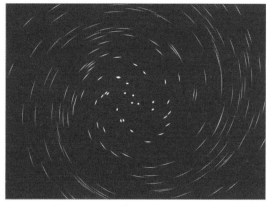

图 8-22

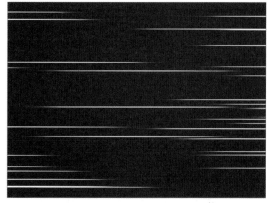

图 8-23

知识点拨

如果需要制作带有背景效果的粒子运动，可以在图像图层之上再创建一个纯色图层，并将特效添加到纯色图层。

动手练 制作粒子流动画 ——————————————————————————————————————•

本案例将利用"粒子运动场""残影"等特效制作一个粒子流动画效果，具体操作步骤如下。

Step 01 新建项目，再新建合成，选择预设模式，设置持续时间，如图8-24所示。

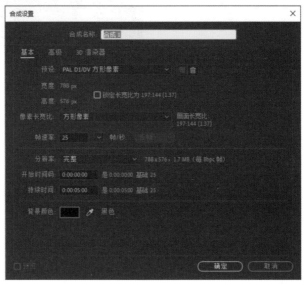

图 8-24

Step 02 新建一个纯色图层，从"模拟"特效组中选择"粒子运动场"效果添加到纯色图层，在"效果控件"面板中单击"选项"按钮，弹出"粒子运动场"对话框，如图8-25所示。

Step 03 单击"编辑发射文字"按钮，弹出"编辑发射文字"对话框，在对话框中输入文字内容，设置字体，选择"随机"选项，如图8-26所示。再依次关闭对话框。

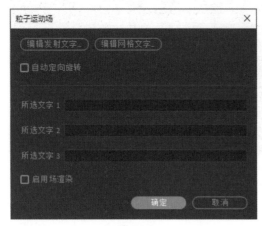

图 8-25

图 8-26

Step 04 在"效果控件"面板中设置"发射"和"重力"属性组的参数，如图8-27所示。

Step 05 移动时间线，可以看到粒子喷射效果，如图8-28所示。

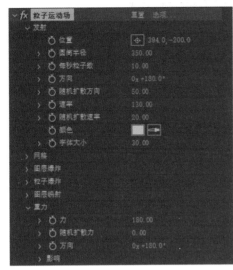

图 8-27

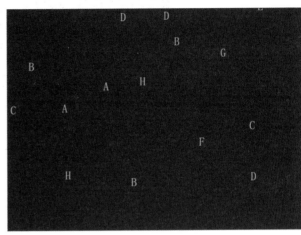

图 8-28

Step 06 选择图层，按Ctrl+D组合键复制图层，重新调整效果参数，如图8-29、图8-30所示。

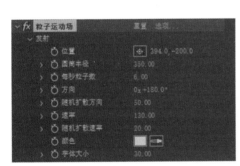

图 8-29

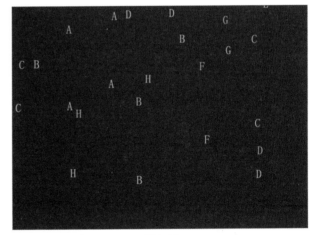

图 8-30

Step 07 选择两个图层，将其创建为预合成图层。从"时间"特效组中选择"残影"效果，添加到预合成图层，在"效果控件"面板设置"残影"效果的属性参数，如图8-31所示。

图 8-31

Step 08 按空格键即可预览动画效果，如图8-32所示。

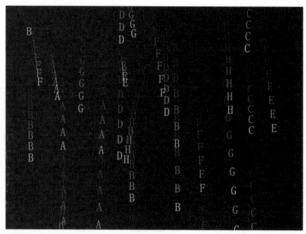

图 8-32

Ae 8.2 Particalar插件

Particular是After Effects的一款经典三维粒子特效插件，属于Trapcode出品的系列滤镜，操作简单，但功能十分强大，使用频率非常高，能够制作多种自然效果，如火、云、烟雾、烟花等。

添加特效后，会在"效果控件"面板中看到该特效的设置面板，下面介绍一些常用属性组的含义。

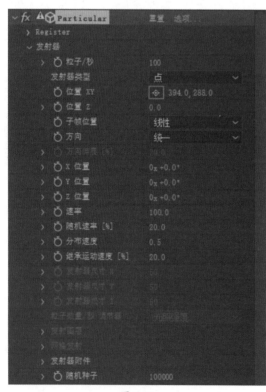

图 8-33

1. 发射器

该属性组用于设置粒子的数量、形状、类型、速度、方向等，如图8-33所示。常用属性含义如下。

- **粒子/秒**：用于设置每秒发射的粒子数。
- **发射器类型**：用于设置粒子发射器的类型，可以决定发射粒子的区域和位置。包括点、盒子、球体、网格、灯光、图层、图层网格7种。
- **位置XY**：用于设置粒子发射在X、Y轴上的位置。
- **位置Z**：用于设置粒子发射在Z轴上的位置。
- **方向**：用于设置粒子发射的方向。
- **方向伸展**：用于控制粒子发射方向的区域宽度。粒子会向整个区域的百分之几运动。

- **速率**：用于设置粒子的发射速率。
- **随机速率**：用于设置粒子发射速率的随机值。
- **分布速度**：用于设置粒子向外运动的速度。
- **继承运动速度**：用于设置粒子跟随发射器的速度，该数值只有在发射器运动的时候调整才有效果。
- **随机种子**：用于设置随机种子的数值，整个插件的随机性都会随之变化。

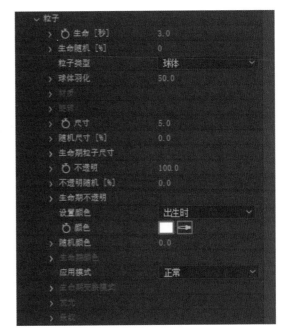

图 8-34

2. 粒子

该属性组用于设置粒子的所有外在属性，如大小、透明度、颜色，以及在整个生命周期内这些属性的变化，如图8-34所示。常用属性含义如下。

- **生命[秒]**：用于设置粒子的生存时间。
- **生命随机[%]**：用于设置生命周期的随机性。
- **粒子类型**：用于设置粒子的类型。包括球体、发光球体、星云、薄云、烟雾、子画面、子画面变色、子画面填充、多边形纹理、多边形变色纹理、多边形纹理填充11种类型。
- **球体羽化**：用于设置粒子的羽化程度以及透明度。
- **尺寸**：用于设置粒子的大小。
- **随机尺寸[%]**：用于设置粒子大小的随机属性。
- **生命期粒子尺寸**：用于以图形控制每个粒子的大小随时间的变化。
- **不透明**：用于设置粒子的不透明度。
- **不透明随机[%]**：用于设置粒子的随机不透明度。
- **生命期不透明**：用于以图形控制随着时间变化的粒子的不透明度。
- **设置颜色**：选择不同的方式来设置粒子的颜色。
- **随机颜色**：设置粒子颜色的随机变化范围。
- **颜色**：当"设置颜色"方式为"出生时"，该参数用于设定粒子的颜色。
- **生命期颜色**：用于设置粒子在整个生命周期内颜色的变化方式。
- **应用模式**：用于控制粒子的合成方式。
- **Size Random（大小随机值）**：用于设置粒子大小的随机属性。
- **生命期变换模式**：用于控制粒子在整个生命周期内的转变方式。
- **发光**：用于设置粒子产生的光晕。
- **条纹**：用于设置条纹状粒子。

3. 阴影

该属性组用于为粒子制造阴影效果，使其具有立体感。

4. 物理学

该属性组用于设置粒子在发射后的运动属性，如重力、碰撞、干扰等，如图8-35所示。常用属性含义如下。

图 8-35

- **物理学模式**：包括空气和碰撞两种模式，选择相应的模式会激活下方的属性列表。
- **重力**：用于设置粒子受重力影响的状态。
- **物理学时间系数**：用于设置粒子运动的速度。
- **Air（空气）**：用于设置"空气"模式下的物理学参数，如空气阻力、旋转幅度、风向等。
- **碰撞**：用于设置"碰撞"模式下的物理学参数，如地面图层和模式、墙壁图层和模式、碰撞事件、碰撞强度等。

5. 辅助系统

该属性组用于设置发射附加粒子，即粒子本身可以发射粒子，如图8-36所示。常用属性含义如下。

- **发射**：该参数关闭时，辅助系统中的参数无效。当选择"继续"类型，粒子的发射效果会发生变化，如图8-37所示。

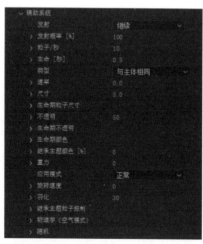

图 8-36

图 8-37

- **发射概率**：用于设置发射的概率大小。
- **类型**：用于设置附加粒子的类型，包括球体、发光球体、星云、薄云、条纹、与主体相同6种。
- **速率**：用于设置附加粒子发射的速率。
- **继承主题颜色**：用于设置附加粒子与主粒子的一致程度。

- **重力：** 用于设置重力影响。
- **应用模式：** 用于设置粒子叠加模式。
- **继承主题粒子控制：** 用于设置主题粒子的控制程度。
- **物理学（空气模式）：** 用于设置附加粒子的空气阻力、受影响程度等。

6. 整体变换

该属性组用于设置粒子空间状态的变化。

7. 可见度

该属性组用于设置粒子的可视性。

8. 渲染

该属性组用于设置渲染参数，如图8-38所示。常用属性含义如下。

- **渲染模式：** 用于设置渲染的方式。
- **景深：** 用于设置景深的开关。
- **运动模糊：** 用于设置运动模糊参数，可以使粒子运动更平滑。

图 8-38

Ae 8.3 Form插件

Form（形状）插件是Trapcode系列中一款基于网格的三维粒子滤镜，但没有产生、生命周期和死亡等基本属性。本节将为读者详细讲解该特效的相关参数和含义。

1. 形态基础

该属性组用于设置网格的属性，如图8-39所示。常用属性含义如下。

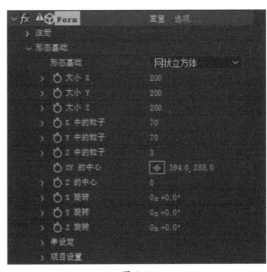

- **形态基础：** 包括网状立方体、串状立方体、分层球体、项目模型4种基础网格类型。
- **大小X/Y/Z：** 用于设置网格的大小。
- **X/Y/Z中的粒子：** 用于设置在X/Y/Z轴上的粒子数量。
- **XY/Z的中心：** 用于设置特效位置。
- **X/Y/Z旋转：** 用于设置特效的旋转。
- **串设定：** 只有形态基础选择"串状立方体"时，该选项才可用。

图 8-39

175

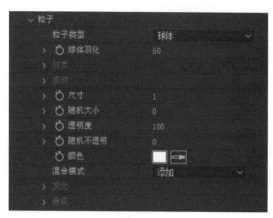

图 8-40

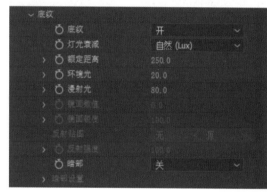

图 8-41

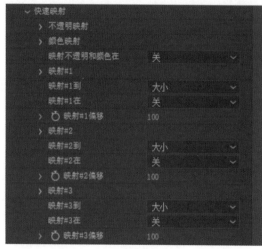

图 8-42

2. 粒子

该属性组用于设置构成粒子形态的属性，如图8-40所示。常用属性含义如下。

- **粒子类型：**用于设置粒子类型，包括11种粒子类型。
- **球体羽化：**用于设置粒子边缘的羽化程度。
- **材质：**用于设置粒子的材质属性。
- **旋转：**用于设置粒子的旋转属性。
- **尺寸：**用于设置粒子的大小。
- **随机大小：**用于设置粒子大小的随机属性。
- **透明度：**用于设置粒子的不透明度。
- **随机不透明：**用于设置粒子随机不透明度。
- **颜色：**用于设置粒子颜色。
- **混合模式：**用于设置粒子的叠加模式。
- **发光：**用于设置粒子产生的光晕。
- **条纹：**用于设置条纹参数。

3. 底纹

该属性组用于设置粒子与合成灯光的相互作用，如图8-41所示。常用属性含义如下。

- **底纹：**用于开启着色功能。
- **灯光衰减：**用于设置灯光的衰减。
- **额定距离：**用于设置距离。
- **环境光：**用于设置环境属性。
- **漫射光：**用于设置漫反射属性。
- **镜面数值：**用于设置粒子的高光强度。
- **镜面锐度：**用于设置粒子的高光锐化。
- **反射贴图：**用于设置粒子的反射贴图。
- **反射强度：**用于设置粒子的反射强度。
- **暗部：**用于设置粒子阴影。
- **暗部设置：**用于调整粒子的阴影设置。

4. 快速映射

该属性组用于快速改变粒子网格的状态，如图8-42所示。常用属性含义如下。

- **不透明映射：**用于定义透明区域和颜色贴图的Alpha通道。

After Effects影视特效制作标准教程（全彩微课版）

- **颜色映射**：用于设置透明通道和颜色贴图的RGB值。
- **映射不透明和颜色在**：该属性用于定义不透明映射与颜色映射的方向，可选择X、Y、Z放射或关闭。
- **映射#1/2/3**：该属性用于设置贴图可以控制的参数数量。

5. 层映射

该属性组用于通过其他图层的像素信息控制粒子网格的变化，如图8-43所示。常用属性含义如下。

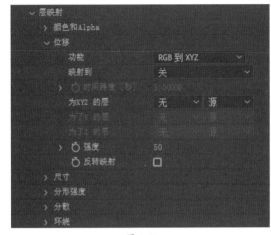

图 8-43

- **颜色和Alpha**：用于控制粒子网格的颜色和Alpha通道。
- **位移**：用于设置粒子置换。
- **尺寸**：用于改变粒子大小。
- **分形强度**：用于定义粒子躁动的范围。
- **环绕**：用于控制粒子的旋转参考。

6. 音频反应

该属性组用于设置利用声音轨道控制粒子网格，如图8-44所示。常用属性含义如下。

图 8-44

- **音频图层**：可以选择一个声音图层作为取样的源文件。
- **反应器1/2/3/4/5**：用于设置反应器的控制参数。

7. 分散和扭曲

该属性组用于设置在三维空间中控制粒子网格的分散及扭曲效果，如图8-45所示。常用属性含义如下。

图 8-45

- **分散**：用于为每个粒子的位置增加随机值。
- **扭曲**：用于围绕X轴对粒子网格进行扭曲。

8. 分形区域

该属性组用于设置根据时间变化产生类似分形噪波的变化，如图8-46所示。常用属性含义如下。

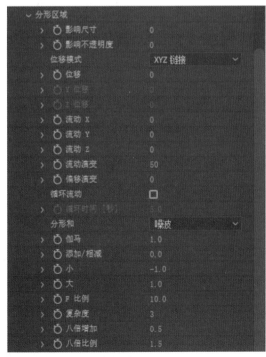

图 8-46

- **影响尺寸**：用于设置噪波影响粒子大小的程度。
- **影响不透明度**：用于设置噪波影响粒子不透明度的程度。
- **位移模式**：用于设置噪波的位移方式。
- **位移**：用于设置位移的强度。
- **Y/Z位移**：用于设置在Y/Z轴上粒子的偏移量。
- **流动X/Y/Z**：用于设置每个轴向粒子的偏移速度。
- **流动演变**：用于设置噪波随机运动的速度。
- **偏移演变**：用于设置随机噪波的随机值。
- **循环流动**：用于设置在一定时间内可循环的次数。
- **循环时间**：用于设置重复的时间量。
- **分形和**：包括噪波和abs噪波。
- **伽马**：用于设置噪波的伽马值。
- **添加/相减**：用于改变噪波大小值。
- **小/大**：用于设置最小/最大的噪波值。
- **F比例**：用于设置噪波的尺寸。
- **复杂度**：用于设置Perlin（波浪）噪波函数的噪波层数值。
- **八倍增加**：用于设置噪波图层的凹凸强度。
- **八倍比例**：用于设置噪波图层的噪波尺寸。

9. 球形区域

该属性组用于设置噪波受球形力场的影响，如图8-47所示。

图 8-47

10. Kaleido 空间

该属性组用于设置粒子网格在三维空间中的对称性。

- **镜像模式**：用于设置镜像的对称轴。
- **行为**：用于设置对称的方式。
- **XY的中心**：用于设置对称的中心。

11. 空间转换

该属性组用于设置已有粒子场的参数，如图8-48所示。

图 8-48

案例实战：制作粒子流星雨动画

本案例利用"色相和饱和度"等特效，将照片调整成ins风的低饱和度色调，具体操作步骤如下。

Step 01 新建项目，再新建合成，选择"预设"模式为"HDTV1080 29.97"，并设置持续时间，如图8-49所示。

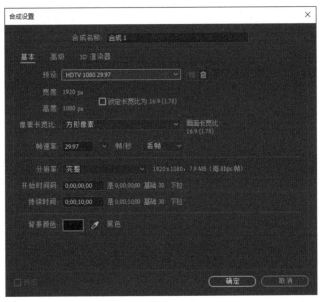

图 8-49

Step 02 新建纯色图层，并重命名为"粒子"。

Step 03 为"粒子"图层添加Particular特效，移动时间线，可以看到当前的粒子喷射效果，如图8-50所示。

Step 04 在"效果控件"面板中展开"发射器"属性组，设置每秒的粒子数量、发射器类型、方向类型、X位置、速率以及随机速率，并调整发射器位置，如图8-51所示。

图 8-50

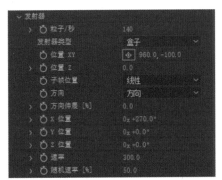

图 8-51

Step 05 此时在"合成"面板中的粒子效果如图8-52所示。

Step 06 继续在"发射器"属性组中调整发射器尺寸和预运行参数，如图8-53所示。

图 8-52   图 8-53

Step 07 调整后的粒子效果如图8-54所示。

图 8-54

Step 08 再次新建合成，设置合成大小为100×100，然后新建一个纯色图层，设置颜色为白色，如图8-55、图8-56所示。

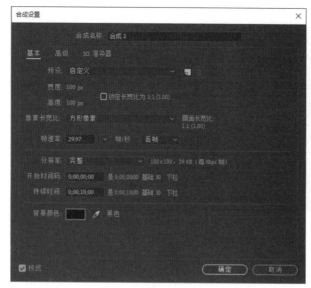

图 8-55

图 8-56

Step 09 展开纯色图层的"变换"属性列表，设置"缩放"和"旋转"参数，如图8-57所示。

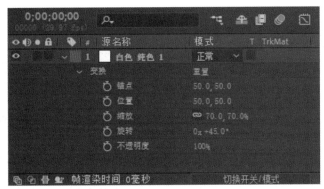

图 8-57

Step 10 按住Alt键的同时单击"不透明度"属性的"时间变化秒表"按钮，在右侧输入表达式"wiggle(20,60)"，如图8-58所示。在空白处单击即可。

图 8-58

Step 11 按空格键预览动画，可以看到图形闪烁的效果。

Step 12 返回合成1，将新创建的合成2拖入"时间轴"面板底部，然后隐藏图层，如图8-59所示。

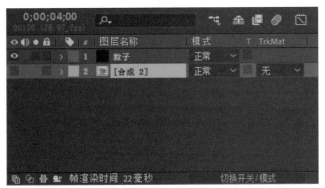

图 8-59

Step 13 选择"粒子"图层，在"效果控件"面板设置"粒子"属性组中的参数，设置粒子生命、生命随机，选择粒子类型为"子画面"，选择材质图层，然后设置粒子尺寸及随机尺寸等参数，如图8-60、图8-61所示。

图 8-60

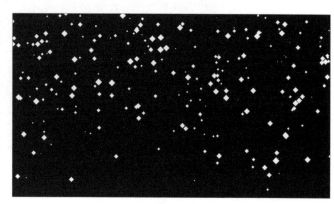

图 8-61

Step 14 展开"辅助系统"属性组，选择"继续"发射，并设置辅助发射粒子的参数，如图8-62、图8-63所示。

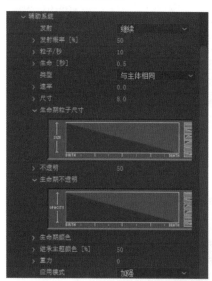

图 8-62

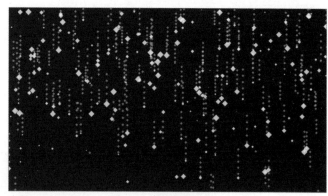

图 8-63

Step 15 返回"发射器"属性组，调整每秒粒子发射数量为40，效果如图8-64所示。

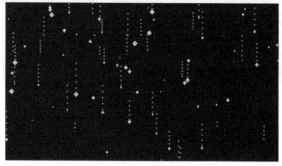

图 8-64

Step 16 为"粒子"图层添加"填充"效果，并设置填充颜色，如图8-65、图8-66所示。

图 8-65

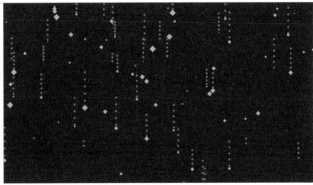

图 8-66

Step 17 按Ctrl+D组合键复制"粒子"图层，重新调整该图层的Particular特效和"填充"特效参数，如图8-67~图8-70所示。

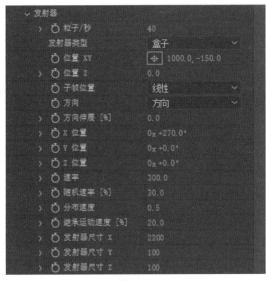

图 8-67

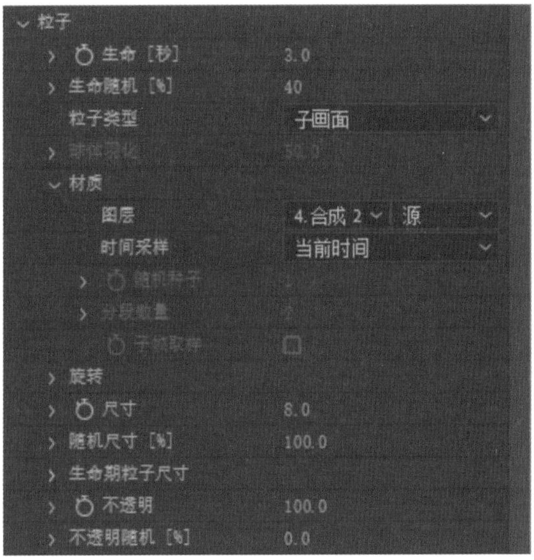

图 8-68

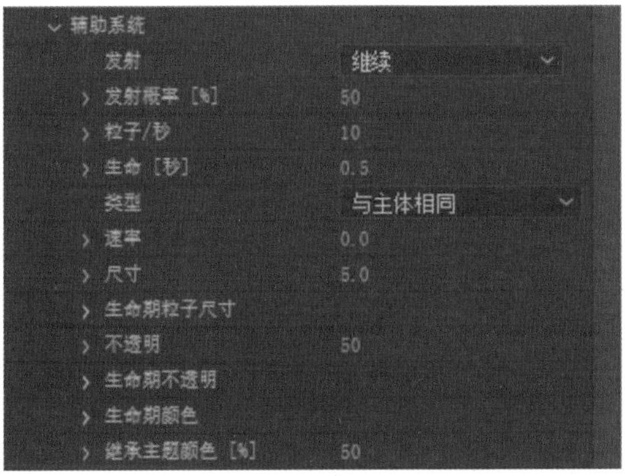

图 8-69

图 8-70

Step 18 调整后的粒子效果如图8-71所示。

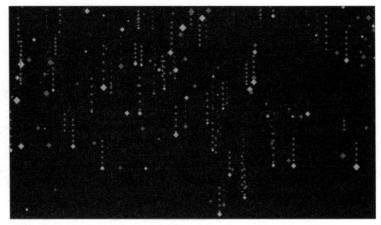

图 8-71

Step 19 再次复制"粒子"图层，调整Particular特效和"填充"特效参数，如图8-72、图8-73所示。

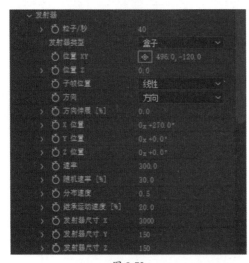

图 8-72

图 8-73

Step 20 调整后的粒子效果如图8-74所示。

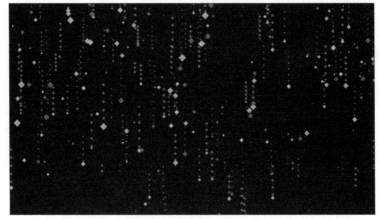

图 8-74

Step 21 新建一个纯色图层，将其置于图层底部作为背景，为其添加"梯度渐变"特效，调整渐变颜色，并在"合成"面板中调整各颜色点的位置，如图8-75、图8-76所示。

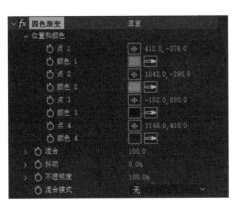

图 8-75

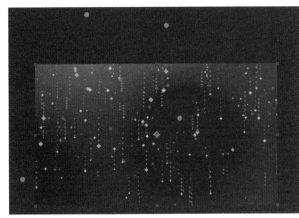

图 8-76

Step 22 为"粒子"图层添加"发光"特效，在"效果控件"面板中设置参数，并将效果复制到其他两个图层，如图8-77所示。

至此完成动画效果的制作，按空格键即可预览效果，如图8-78所示。

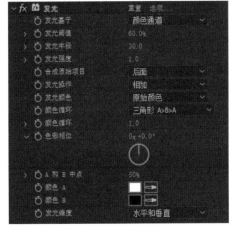

图 8-77

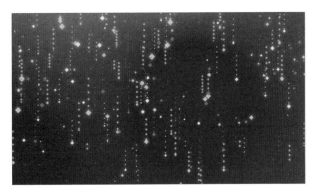

图 8-78

读书笔记

第9章
光线特效的应用

在很多影视节目或片头中经常可以看到各种光线特效，如闪耀着光芒的文字、流动的光线等。在After Effects中，用户可以通过光效滤镜和其他效果的结合，制作各种绚烂多彩的光线效果，为画面添加美感，甚至创造出无与伦比的奇幻世界。光效在烘托镜头气氛、丰富画面细节等方面起着非常重要的作用。本章将对在后期制作过程中较为常用的几种光效滤镜进行介绍。

Ae 9.1 "生成"效果组

"生成"效果组中的特效除了可以添加各种形状的纹理，也可以制作光线效果。本节将介绍较为常用的一些光线特效。

9.1.1 镜头光晕

"镜头光晕"滤镜特效可以合成镜头光晕的效果，常用于制作日光光晕。

选择图层，执行"效果"|"生成"|"镜头光晕"命令，打开"效果控件"面板，在该面板中用户可以设置相应参数，如图9-1所示。常用属性含义如下。

图 9-1

- **光晕中心**：用于设置光晕中心点的位置。
- **光晕亮度**：用于设置光源的亮度。
- **镜头类型**：用于设置镜头光源类型，有50-300毫米变焦、35毫米定焦、105毫米定焦三种。
- **与原始图像混合**：用于设置当前效果与原始图层的混合程度。

添加效果并设置参数，效果对比如图9-2、图9-3所示。

图 9-2

图 9-3

9.1.2 CC Light Burst 2.5

CC Light Burst 2.5（CC光线缩放2.5）效果可以使图像局部产生强烈的光线放射效果，类似于径向模糊。该效果可以应用在文字图层上，也可以应用在图片或视频图层上。

选择图层，执行"效果"|"生成"|CC Light Burst 2.5命令，在"效果控件"面板可以设置相应参数，如图9-4所示。常用属性含义如下。

图 9-4

● **Center（中心）**：用于设置爆裂中心点的位置。

● **Intensity（亮度）**：用于设置光线的亮度。

● **Ray Length（光线强度）**：用于设置光线的强度。

● **Burst（爆裂）**：用于设置爆裂的方式，包括Straight、Fade和Center三种。

● **Set Color（设置颜色）**：用于设置光线的颜色。

完成上述操作后，即可观看效果对比，如图9-5、图9-6所示。

图 9-5

图 9-6

9.1.3　CC Light Rays

CC Light Rays（射线光）效果是影视后期特效制作中比较常用的光线特效，可以利用图像上的不同颜色产生不同的放射光，而且具有变形效果。

选择图层，执行"效果"|"生成"|CC Light Rays命令，在"效果控件"面板可以设置相应参数，如图9-7所示。常用属性含义如下。

图 9-7

- **Intensity（强度）**：用于调整射线光强度的选项，数值越大，光线越强。
- **Center（中心）**：用于设置放射的中心点位置。
- **Radius（半径）**：用于设置射线光的半径。
- **Warp Softness（柔化光芒）**：用于设置射线光的柔化程度。
- **Shape（形状）**：用于调整射线光光源的发光形状，包括"Round"（圆形）和"Square"（方形）两种形状。
- **Direction（方向）**：用于调整射线光照射方向。
- **Color from Source（颜色来源）**：勾选该复选框，光芒会呈放射状。
- **Allow Brightening（中心变亮）**：勾选该复选框，光芒的中心变亮。
- **Color（颜色）**：用于调整射线光的发光颜色。
- **Transfer Mode（转换模式）**：用于设置射线光与源图像的叠加模式。

重复添加CC Light Rays（射线光）特效，设置不同的参数，可以制作出不同的光点效果，如图9-8、图9-9所示。

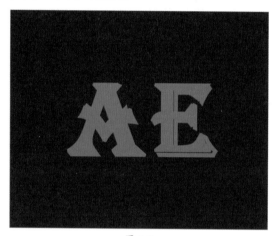

图 9-8

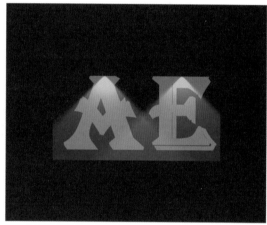

图 9-9

9.1.4 CC Light Sweep

CC Light Sweep（CC光线扫描）效果可以在图像上制作光线扫描的效果，该效果既可以应用在文字图层上，也可以应用在图片或视频素材上。各项属性参数如图9-10所示。常用属性含义如下。

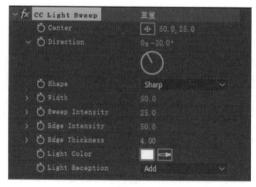

图 9-10

- **Center（中心）**：用于设置扫光的中心点位置。
- **Direction（方向）**：用于设置扫光的旋转角度。
- **Shape（形状）**：用于设置扫光线的形状，包括Linear（线性）、Smooth（光滑）、Sharp（锐利）三种形状。
- **Width（宽度）**：用于设置扫光的宽度。
- **Sweep Intensity（扫光亮度）**：用于调节扫光的亮度。
- **Edge Intensity（边缘亮度）**：用于调节光线与图像边缘相接触时的明暗程度。
- **Edge Thickness（边缘厚度）**：用于调节光线与图像边缘相接触时的光线厚度。
- **Light Color（光线颜色）**：用于设置产生的光线颜色。
- **Light Reception（光线接收）**：用于设置光线与源图像的叠加方式，包括Add（叠加）、Composite（合成）和Cutout（切除）三种。

设置不相同的参数，或者重叠特效，可以得到不同的光线效果，如图9-11、图9-12所示。

图 9-11

图 9-12

Ae 9.2　Shine插件

Shine插件是Trapcode公司提供的一款制作光效的插件，可以快速模拟三维体积光，轻松制作逼真的扫光效果，在后期制作中非常实用。下面讲解该特效的"效果控件"面板中较重要的属性参数。

1. 预处理

该属性组主要包括在应用Shine（扫光）滤镜之前需要设置的功能参数，如图9-13所示。常用属性含义如下。

图 9-13

- **阈值**：用于分离Shine（扫光）所能发生作用的区域，不同的阈值可以产生不同的光束效果。
- **使用遮罩**：用于设置是否使用遮罩效果。
- **来源点**：用于指定发光的基点，产生的光线以此为中心向四周发射。

2. 光线长度

该属性主要用于设置光线的长短，数值越大，光线越长。

3. 闪烁

该属性主要用于设置光效的细节，如图9-14所示。常用属性含义如下。

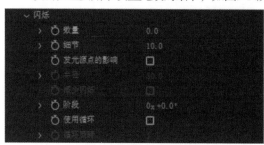

图 9-14

- **数量：**用于设置微光的影响程度。
- **细节：**用于设置微光的细节。
- **发光源点的影响：**勾选该复选框，光束中心会对微光发生作用。
- **半径：**用于设置发光源点位置移动后动画变化的多少。
- **减少闪烁：**用于设置减少上述闪烁。

在制作扫光动画时，闪烁比较明显。如果勾选该复选框后闪烁效果并不理想，可以增加"半径"值，减缓动画变化。

- **阶段：**用于设置分形噪波的变化。
- **使用循环：**用于设置循环点，数值为"阶段"的圈数，即多少圈为一个循环。

4. 光线亮度

该属性主要用于设置光线的高亮程度。

5. 着色

该属性主要用于设置按照光线的亮度变化给光线赋予颜色，如图9-15所示。常用属性含义如下。

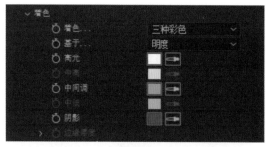

图 9-15

- **着色：**用于选择光线赋予颜色的种类，一共26个类型。
- **基于：**用于设置基于效果产生Shine效果，一共7种模式。
- **高光：**用于设置高光部分颜色的拾取。
- **中高：**用于设置中高部分颜色的拾取。
- **中间调：**用于设置中间调部分颜色的拾取。

- **中低：**用于设置中低部分颜色的拾取。
- **阴影：**用于设置阴影部分颜色的拾取。
- **边缘厚度：**用于设置Alpha边缘厚度。

6. 来源不透明

该属性主要用于设置源素材的不透明程度。

7. 光源不透明

该属性主要用于设置光源的不透明程度。

8. 应用模式

该属性主要用于设置图层的叠加模式。

Ae 9.3　Starglow插件

Starglow（星光闪耀）滤镜是一个根据源图像的高光部分建立星光闪耀效果的特效滤镜，可以为视频中的高光增加星光特效。下面讲解该特效的"效果控件"面板中较为重要的属性参数。

1. 预设

该属性提供29种不同的星光闪耀特效。

2. 输入通道

该属性提供选择特效基于的通道，包括Lightness（明度）、Luminance（亮度）、Red（红色）、Green（绿色）、Blue（蓝色）和Alpha等通道类型。

3. 预处理

该属性组提供在应用Starglow滤镜之前需要设置的功能参数，如图9-16所示。常用属性含义如下。

- **阈值：**用于定义产生星光特效的最小亮度值。
- **阈值羽化：**用于柔和高亮和低亮区域之间的边缘。
- **使用遮罩：**勾选该复选框，可以使用一个内置的圆形遮罩。

图 9-16

4. 光线长度

该属性用于调整整个星光的散射长度。

5. 提高亮度

该属性用于调整星光的亮度。

6. 各方向长度

该属性组用于调整每个方向的光晕大小。

7. 各方向颜色

该属性组用于设置每个方向的颜色贴图。

8. 贴图颜色 A/B/C

这几个属性组主要用于根据"各方向颜色"来设置贴图颜色。

9. 闪烁

该属性组用于控制星光效果的细节部分，如图9-17所示。常用属性含义如下。

- **数量：**用于设置微光的影响程度。
- **细节：**用于设置微光的细节。
- **来源不透明：**用于设置源素材的不透明度。

图 9-17

- **星光透明度：** 用于设置星光特效的透明度。
- **应用模式：** 用于设置星光闪耀滤镜和源素材的画面相加方式。

动手练 制作闪烁的夜空

本案例利用"色相和饱和度"等特效将照片调整成ins风的低饱和度色调，具体操作步骤如下。

Step 01 新建项目，再新建合成，设置合成尺寸和持续时间，如图9-18所示。

Step 02 执行"图层"|"新建"|"纯色"命令，新建纯色图层，如图9-19所示。

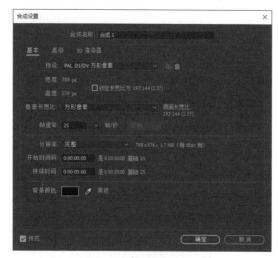

图 9-18

图 9-19

Step 03 为图层添加Particular特效，在"效果控件"面板调整"发射器""粒子"等属性参数，如图9-20、图9-21所示。

图 9-20

图 9-21

Step 04 按空格键预览动画，可以看到当前粒子效果，如图9-22所示。

Step 05 为纯色图层创建预合成，并重命名为"粒子"，如图9-23所示。

图 9-22 图 9-23

Step 06 为"粒子"图层添加Starglow特效，并在"效果控件"面板中设置星光类型、光线长度、亮度等属性，如图9-24、图9-25所示。

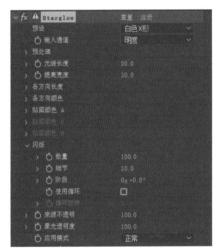

图 9-24 图 9-25

Step 07 新建纯色图层，将其置于图层底部，如图9-26所示。

Step 08 再为图层添加"四色渐变"特效，在"效果控件"面板中调整属性参数，如图9-27所示。

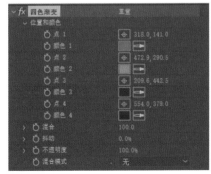

图 9-26 图 9-27

Step 09 按空格键预览最终效果，如图9-28所示。

图 9-28

Ae 9.4 Light Factory插件

　　Light Factory（灯光工厂）滤镜是一款非常经典的灯光效果插件，可以说是After Effects中"镜头光晕"滤镜的加强版，各种常见的镜头耀斑、眩光、日光、舞台光等都可以利用该插件制作。下面讲解该特效的"效果控件"面板中较为重要的属性参数。

1. Location（位置）

　　该属性组主要用于设置灯光的位置，如图9-29所示。常用属性含义如下。

图 9-29

- **Light Source Locat（光源位置）：** 用于设置灯光的位置。
- **Use Lights（使用灯光）：** 勾选该复选框后，将会启用合成中的灯光进行照射。
- **Light Source Namin（光源命名）：** 用于指定合成中参与照射的灯光。
- **Location Layer（定位图层）：** 用于指定某一个图层发光。

2. Obscuration（遮蔽）

　　当光源从某个物体后面发射出来时，该属性组起作用，如图9-30所示。常用属性含义如下。

- **Obscuration Type（遮蔽类型）：** 下拉列表中可以选择不同的遮蔽类型。
- **Obscuration Layer（遮蔽图层）：** 用于指定遮蔽的图层。
- **Source Size（来源大小）：** 用于设置光源的大小。

图 9-30

- **Threshold（阈值）：** 用于设置光源的容差值。
- **3D Obscuration（3D阈值）：** 用于设置光源的三维容差。

3. Lens（镜头）

该属性组用于设置镜头的相关属性，如图9-31所示。常用属性含义如下。

- **Brightness（亮度）**：用于设置灯光的亮度值。
- **Use Light Intensity（使用灯光强度）**：可以使用合成中灯光的强度控制灯光的亮度。
- **Scale（比例）**：用于设置光源的大小变化。
- **Color（颜色）**：用于设置光源的颜色。
- **Angle（角度）**：用于设置灯光照射的角度。

图 9-31

4. Behavior（行为）

该属性组用于设置灯光的行为方式。

5. Edge Reaction（边缘反应）

该属性组用于设置灯光边缘的属性。

6. Rendering（渲染）

该属性组用于设置是否将合成背景中的黑色透明化。

 **案例实战：制作迪斯科球灯效果**

本案例将利用文字轮廓制作彩色的描边动画效果，具体操作步骤如下。

Step 01 新建项目，再新建合成，选择预设模式并设置持续时间，如图9-32所示。

Step 02 执行"图层"|"新建"|"纯色"命令，新建一个纯色图层，并为图层添加"分形杂色"特效，如图9-33所示。

图 9-32

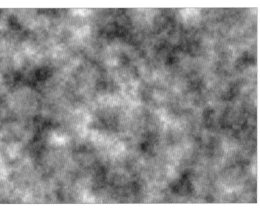

图 9-33

Step 03 在"效果控件"面板设置特效的杂色类型、缩放大小以及复杂度，如图9-34所示。

Step 04 调整后的合成效果如图9-35所示。

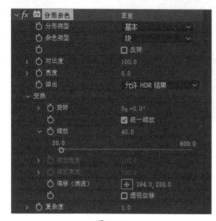
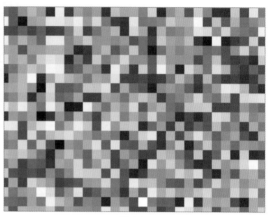

图 9-34   图 9-35

Step 05 按住Alt键的同时单击"演化"属性的时间变化秒表，输入表达式"time*120"，如图9-36所示。

图 9-36

Step 06 按空格键即可预览变换动画效果。

Step 07 为图层添加"查找边缘"特效，勾选"反转"复选框，设置"与原始图像混合"参数，如图9-37所示。

Step 08 合成效果如图9-38所示。

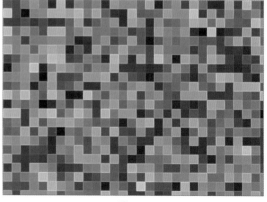

图 9-37   图 9-38

Step 09 继续为图层添加"四色渐变"特效,这里设置"混合模式"为"叠加",如图9-39 所示。

Step 10 合成效果如图9-40所示。

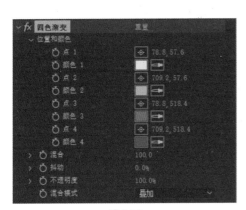

图 9-39

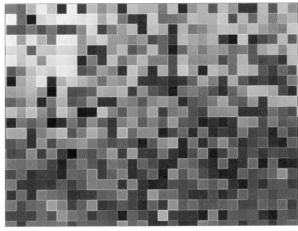

图 9-40

Step 11 将纯色图层创建为预合成,并命名为"球灯",如图9-41、图9-42所示。

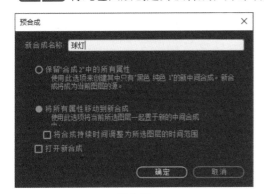

图 9-41

图 9-42

Step 12 为预合成图层添加CC Sphere特效,创建一个球体,如图9-43所示。

Step 13 在"效果控件"面板调整特效参数,如图9-44所示。

图 9-43

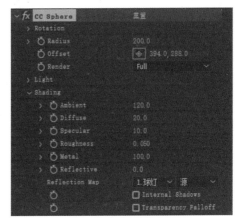

图 9-44

Step 14 调整后的球体效果如图9-45所示。

图 9-45

Step 15 展开Rotation属性组，按住Alt键的同时单击Rotation Y属性的时间变化秒表，并输入表达式"time*120"，如图9-46所示。

图 9-46

Step 16 按空格键预览动画，可看到球体沿Y轴旋转的效果，如图9-47所示。

Step 17 新建一个调整图层，为图层添加"发光"特效，如图9-48所示。

图 9-47

图 9-48

Step 18 合成效果如图9-49所示。

Step 19 继续为调整图层添加CC Light Burst 2.5特效，调整Intensity和Ray Length属性参数，如图9-50所示。

图 9-49

图 9-50

Step 20 此时的合成效果如图9-51所示。

Step 21 最后再为调整图层添加"色阶"特效，并调整直方图以及"输入黑色"属性参数，如图9-52所示。

图 9-51

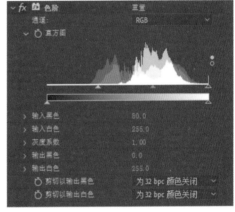

图 9-52

按空格键预览最终效果，如图9-53所示。

图 9-53

读书笔记

第 **10** 章
抠像与跟踪技术

　　制作影视广告时，利用抠像技术可以十分方便地将在蓝屏或绿屏前拍摄的影像与其他影像背景进行合成处理，制作全新的场景效果。利用跟踪技术则可以获得影像中某些效果点的运动信息，如位置、旋转、缩放等，然后将其传送到另一层的效果点中，从而实现另一层的运动与该层追踪点的运动一致。本章将为读者介绍抠像的概念、常用抠像特效、运动跟踪与运动稳定等内容。

Ae 10.1 "抠像"效果组

"抠像"又被称作"键控",是影视制作领域广泛使用的技术手段。我们在影视剧花絮中会看到演员在绿色或蓝色的幕布前表演,但在成品影片中是看不到这些幕布的,这就是运用了键控技术,将提取出的图像合成到一个新的场景中去,从而增加画面的鲜活性。特效组中有9个滤镜特效可供选择,本节只介绍较为常用的一些效果。

10.1.1 CC Simple Wire Removal

CC Simple Wire Removal(简单金属丝移除)效果可以简单地将线性形状进行模糊或替换,在影视后期制作中常用于去除拍摄过程中出现的缆线,如威亚钢丝或者一些吊着道具的绳子。

选择图层,执行"效果"|"抠像"|CC Simple Wire Removal命令,打开"效果控件"面板,在该面板中用户可以设置相关参数,如图10-1所示。常用属性含义如下。

图 10-1

- Point A/B(点A/B):用于设置金属丝移除的点A、B。
- Removal Style(移除风格):用于设置金属丝移除风格。
- Thickness(厚度):用于设置金属丝移除的密度。
- Slope(倾斜):用于设置水平偏移程度。
- Mirror Blend(镜像混合):用于对图像进行镜像或混合处理。
- Frame Offset(帧偏移):用于设置帧偏移程度。

添加效果并设置参数,效果对比如图10-2、图10-3所示。

图 10-2

图 10-3

注意事项 该特效只能进行简单处理,且只能处理直线,不能处理弯曲的线。如果后期需要处理钢丝或绳子,在前期拍摄时需尽量保证绳子不要太粗或弯曲。

10.1.2　Advanced Spill Suppressor

由于背景颜色的反射作用，图像的抠像边缘通常都有背景色溢出，使用Advanced Spill Suppressor（高级颜色溢出抑制）效果可以消除图像边缘残留的溢出色。为图像抠像后，再执行"效果"|"抠像"| Advanced Spill Suppressor命令，在"效果控件"面板中可以设置相应参数，如图10-4所示。常用属性含义如下。

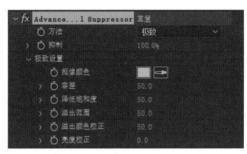

图 10-4

- **方法：** 该属性用于选择抑制类型，包括标准和极致两个选项。
- **抑制：** 该属性用于设置颜色抑制程度。
- **极致设置：** 当选择"极致"类型时，"极致设置"属性组可用，可以详细地设置抠像颜色、容差、降低饱和度、溢出范围、溢出颜色校正、亮度校正等参数。

对素材进行抠像，然后添加效果并设置参数，效果对比如图10-5、图10-6所示。

图 10-5

图 10-6

10.1.3 线性颜色键

"线性颜色键"效果可以使用RGB、色相或色度信息来创建指定主色的透明度，抠除指定颜色的像素。

选择图层，执行"效果"|"抠像"|"线性颜色键"命令，打开"效果控件"面板，在该面板中可以设置相关参数，如图10-7所示。常用属性含义如下。

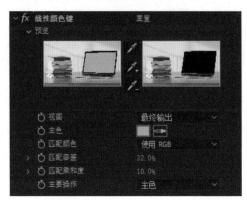

图 10-7

- **预览**：可以直接观察抠像选取效果。
- **视图**：设置"合成"面板中的观察效果。
- **主色**：设置抠像基本色。
- **匹配颜色**：设置匹配颜色空间。
- **匹配容差**：设置匹配范围。
- **匹配柔和度**：设置匹配的柔和程度。
- **主要操作**：设置主要操作方式为主色或者保持颜色。

添加效果并设置参数，效果对比如图10-8、图10-9所示。

图 10-8

图 10-9

10.1.4 颜色范围

"颜色范围"特效通过抠除指定的颜色范围产生透明效果，可以应用的色彩空间包括Lab、YUV和RGB，这种键控方式可以应用在背景包含多种颜色、背景亮度不均匀且包含同一颜色的不同阴影的蓝屏或绿屏上，这个新的透明区域就是最终的Alpha通道。

选择图层，执行"效果"|"抠像"|"颜色范围"命令，在"效果控件"面板中可以设置相应参数，如图10-10所示。常用属性含义如下。

图 10-10

- **键控滴管**：该工具可从蒙版缩略图中吸取监控色，用于在遮罩视图中选择开始键控颜色。
- **加滴管**：该工具可以增加监控色的颜色范围。
- **减滴管**：该工具可以减少监控色的颜色范围。
- **模糊**：对边界进行柔和模糊，用于调整边缘柔化度。
- **色彩空间**：设置键控颜色范围的颜色空间，有Lab、YUV和RGB 3种方式。
- **最小值/最大值**：对颜色范围的开始和结束颜色进行精细调整，精确调整颜色空间参数，（L，Y，R）、（a，U，G）和（b，V，B）代表颜色空间的3个分量。最小值为调整颜色范围的开始，最大值为调整颜色范围的结束。

完成上述操作后，即可观看应用效果对比，如图10-11、图10-12所示。

图 10-11

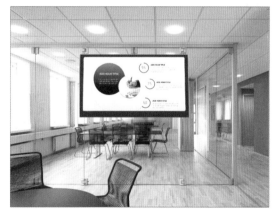

图 10-12

动手练 制作画中画效果

本案例利用"色相和饱和度"等特效将照片调整成ins风的低饱和度色调，具体操作步骤如下。

Step 01 新建项目，将准备好的素材导入"项目"文件，并基于"绿幕"素材创建合成，如图10-13所示。

Step 02 从"抠像"特效组中选择"线性颜色键"效果添加到"绿幕"素材图层，单击"拾色器"，在"合成"面板中拾取主色，再调整匹配容差、匹配柔和度，如图10-14所示。

图 10-13

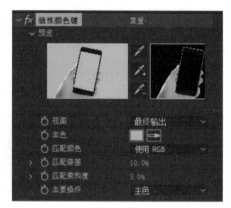

图 10-14

Step 03 此时"合成"面板中的绿幕已经被抠除，如图10-15所示。

Step 04 再将"风景"素材拖入"时间轴"面板，并将其置于底部，如图10-16所示。

图 10-15

图 10-16

Step 05 此时"合成"面板的效果如图10-17所示。

Step 06 选择"绿幕"素材，打开图层属性列表，设置"缩放"参数为60%，再使用"旋转工具"旋转素材，并调整其位置，如图10-18所示。

图 10-17

图 10-18

Step 07 接着在"合成"面板调整素材的位置，如图10-19所示。

Step 08 按Ctrl+D组合键复制"风景"素材，将其重命名为"画面"，如图10-20所示。

图 10-19

图 10-20

Step 09 对素材进行缩放，并调整位置，如图10-21所示。

图 10-21

Step 10 单击"矩形工具"，在素材上创建蒙版，即可完成画中画效果的制作，如图10-22、图10-23所示。

图 10-22

图 10-23

知识点拨

抠像特效可以应用到静态图像和视频中，如果是静态图像，也可以使用蒙版进行抠图，会更加准确。

Ae 10.2 Keylight（1.2）

Keylight（1.2）是一款工业级别的外挂插件，该插件具有与众不同的蓝/绿荧幕调制器，能够精确地控制残留在前景对象中的蓝幕或绿幕反光，并将其替换成新合成背景的环境光，可以帮助用户轻松获取自己所需的人像等内容，大大提高视频处理的工作效率。

选择素材后，执行"效果"|Keying| Keylight（1.2）命令，即可为素材添加该效果。在"效果控件"面板中可以看到该效果的参数非常多，如图10-24所示，下面进行详细介绍。

图 10-24

1. View（视图）

该属性设置图像在合成窗口中的显示方式，共有11种。

2. Unpremultiply Res（非预乘结果）

启用该复选框，设置图像为不带Alpha通道显示，反之为带Alpha通道显示效果。

3. Screen Colour（屏幕颜色）

该属性用于设置需要抠除的颜色。一般在原图像中用吸管直接选取颜色。

4. Screen Gain（屏幕增益）

该属性用于设置屏幕抠除效果的强弱程度。数值越大，抠除程度越强。

5. Screen Balance（屏幕均衡）

该属性用于设置抠除颜色的平衡程度。数值越大，平衡效果越明显。

6. Despill Bias（反溢出偏差）

该属性可恢复过多抠除区域的颜色。

7. Alpha Bias（Alpha 偏差）

该属性可恢复过多抠除Alpha部分的颜色。

After Effects影视特效制作标准教程（全彩微课版）

210

8. Lock Biases Toget（同时锁定偏差）

勾选该复选框，在抠除时，设定偏差值。

9. Screen Pre-blur（屏幕预模糊）

该属性用于设置抠除部分边缘的模糊效果。数值越大，模糊效果越明显。

10. Screen Matte（屏幕蒙版）

该属性组用于设置抠除区域影像的属性参数，如图10-25所示。常用属性含义如下。

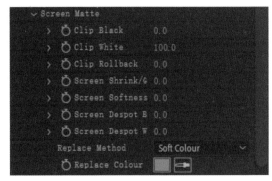

- **Clip Black/ White（修剪黑色/白色）**：用于除去抠像区域的黑色/白色。
- **Clip Rollback（修剪回滚）**：用于恢复修剪部分的影像。
- **Screen Shrink/G（屏幕收缩/扩展）**：用于设置抠像区域影像的收缩或扩展参数。减小数值为收缩该区域影像，增大数值为扩展该区域影像。

图 10-25

- **Screen Softness（屏幕柔化）**：用于柔化抠像区域影像。数值越大，柔化效果越明显。
- **Screen Despot B/W（屏幕独占黑色/白色）**：用于显示图像中的黑色/白色区域。数值越大，显示效果越突出。
- **Replace Method（替换方式）**：用于设置屏幕蒙版的替换方式，共有4种模式。
- **Replace Colour（替换色）**：用于设置蒙版的替换颜色。

11. Inside Mask（内侧遮罩）

该属性组主要用于为图像添加并设置抠像内侧的遮罩属性，如图10-26所示。常用属性含义如下。

- **Inside Mask**：内侧遮罩。
- **Inside Mask Sof**：内侧遮罩柔化。
- **Invert**：反转。
- **Replace Method**：替换方式。
- **Replace Colour**：替换色。
- **Source Alpha**：源Alpha。

图 10-26

12. Outside Mask（外侧遮罩）

该属性组主要用于为图像添加并设置抠像外侧的遮罩属性，如图10-27所示。该属性组与内侧遮罩较为类似，参数设置也更为简单。

图 10-27

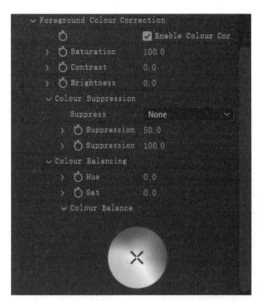

图 10-28

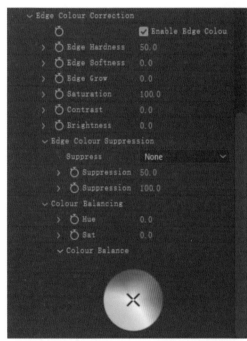

图 10-29

图 10-30

13. Foreground Colour Correction（前景色校正）

该属性组主要用于设置蒙版影像的色彩属性，如图10-28所示。常用属性含义如下。

- **Enable Colour Correction（启用颜色校正）**：勾选该复选框，可以对蒙版影像进行颜色校正。
- **Saturation（饱和度）**：用于设置抠像影像的色彩饱和度。数值越大，饱和度越高。
- **Contrast（对比度）**：用于设置抠像影像的对比程度。
- **Brightness（亮度）**：用于设置抠像影像的明暗程度。
- **Colour Suppression（颜色抑制）**：可通过设定抑制类型抑制某一颜色的色彩平衡和数量。
- **Colour Balancing（颜色平衡）**：可通过Hue和Sat两个属性控制蒙版的色彩平衡效果。

14. Edge Colour Correction（边缘色校正）

该属性组主要对抠像边缘进行设置，属性参数与"前景色校正"属性基本类似，如图10-29所示。常用属性含义如下。

- **Enable Edge Colour**：勾选该复选框，可以对蒙版影像进行边缘色校正。
- **Edge Hardness（边缘锐化）**：用于设置抠像蒙版边缘的锐化程度。
- **Edge Softness（边缘柔化）**：用于设置抠像蒙版边缘的柔化程度。
- **Edge Grow（边缘扩展）**：用于设置抠像蒙版边缘的大小。

15. Source Crops（源裁剪）

该属性组主要用于设置裁剪影响的属性类型以及参数，如图10-30所示。常用属性含义如下。

- **X/Y Method（X/Y方式）**：用于设置X/Y轴向的裁剪方式，包括颜色、重复、包围、映射4种模式。

- **Edge Colour（边缘色）**：用于设置裁剪边缘的颜色。
- **Edge Colour Alpha（边缘色Alpha）**：用于设置裁剪边缘的Alpha通道颜色。
- **Left/Right/Top/Bottom（左/右/上/下）**：用于设置裁剪边缘的尺寸。

动手练 替换猫咪的背景环境

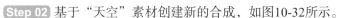

本案例利用Keylight（1.2）特效为猫咪替换更合适的背景环境，具体操作步骤如下。

Step 01 新建项目，将准备好的素材导入"项目"面板，如图10-31所示。

Step 02 基于"天空"素材创建新的合成，如图10-32所示。

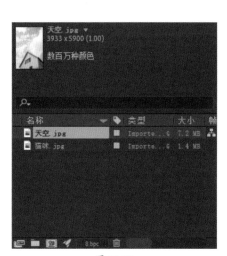

图 10-31

图 10-32

Step 03 将"猫咪"素材拖入"时间轴"面板，隐藏"天空"图层，如图10-33所示。

图 10-33

Step 04 将Keylight（1.2）效果添加到"猫咪"图层，在"效果控件"面板中单击Screen Colour属性的"拾色器"按钮，接着在"合成"面板中蓝色背景部分单击来拾取颜色，即可得到初步抠像结果，如图10-34、图10-35所示。

图 10-34

图 10-35

Step 05 设置View类型为Screen Matte，"合成"面板中的图像会切换到黑白模式，如图10-36所示。

图 10-36

Step 06 展开Screen Matte属性组，设置Clip Black和Clip White参数，调整画面中黑色和白色的显示，如图10-37、图10-38所示。

图 10-37

图 10-38

Step 07 设置View类型为Intermediate Result切换视图，如图10-39所示。

图 10-39

Step 08 按住Ctrl键微调Screen Shrink/G和Screen Softness的参数，缩小并柔化猫咪边缘的轮廓，如图10-40、图10-41所示。

图 10-40

图 10-41

Step 09 继续为"猫咪"素材添加Advanced Spill Suppressor效果，在参数面板中选择"方法"类型为"极致"，如图10-42所示。

Step 10 单击"抠像颜色"的拾色器，拾取Keylight（1.2）效果的Screen Colour属性颜色，即可将猫咪轮廓残留的颜色消除，如图10-43所示。

图 10-42

图 10-43

Step 11 取消隐藏"天空"图层，缩小"猫咪"素材，在"对齐"面板中依次单击"右对齐"和"底对齐"，如图10-44所示。

Step 12 最后执行"图层"|"变换"|"水平翻转"命令，翻转猫咪图像，即可完成效果的制作，如图10-45所示。

图 10-44

图 10-45

Ae 10.3 运动跟踪与稳定

运动跟踪和运动稳定在影视后期处理中应用相当广泛，多用来将画面中的一部分进行替换和跟随，或是将晃动的视频变得平稳。

10.3.1 运动跟踪

运动跟踪是根据对指定区域进行运动的跟踪分析，并自动创建关键帧，将跟踪结果应用到其他层或效果上，从而作出动画效果。如使燃烧的火焰跟随运动的人物，为天空中的飞机吊上一个物体并随之飞行，为移动的镜框加上照片效果等。运动跟踪可以追踪运动过程比较复杂的路径，如加速和减速，以及变化复杂的曲线等。

运动稳定是通过After Effects对前期拍摄的影片素材进行画面稳定处理，用于消除前期拍摄过程中出现的画面抖动问题，使画面变得平稳。

知识点拨

在对影片进行运动追踪时，合成图像中至少要有两个层，一个作为追踪层，一个作为被追踪层，二者缺一不可。

10.3.2 跟踪器

运动跟踪也被称为点跟踪，跟踪一个点或多个点区域，从而得到跟踪区域位移数据。跟踪器由两个方框和一个交叉点组成。交叉点叫作追踪点，是运动追踪的中心；内层的方框叫作特征区域，可以精确追踪目标物体的特征，记录目标物体的亮度、色相和饱和度等信息，在后面的合成中匹配该信息来起作用；外层的方框叫作搜索区域，其作用是追踪下一帧的区域。

点跟踪包括一点跟踪和四点跟踪两种方式。

1. 一点跟踪

选择需要跟踪的图层，执行"动画"|"跟踪运动"命令，打开"跟踪器"面板，如图10-46所示。选择目标对象，在"合成"面板中调整跟踪点和跟踪框，如图10-47所示。

图 10-46

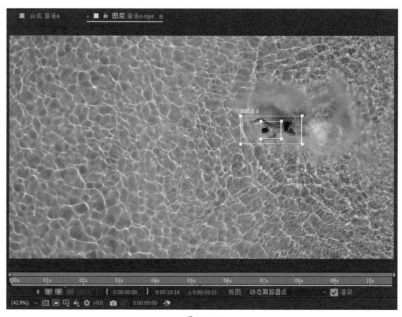

图 10-47

在"跟踪器"面板中单击"向前分析"按钮▶，系统会自动创建关键帧，如图10-48所示。

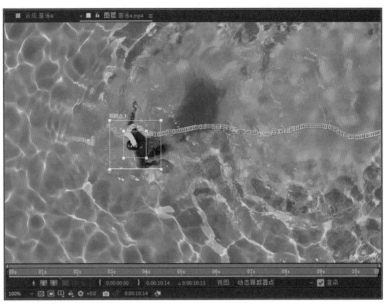

图 10-48

2. 四点跟踪

四点跟踪是指跟踪四个点，四个点可以组成一个面，常用于制作显示器的跟踪特效。

选择需要跟踪的图层，执行"动画"|"跟踪运动"命令，在弹出的"跟踪器"面板中单击"跟踪运动"按钮，并设置"跟踪类型"为"透视边角定位"，如图10-49所示。

在"合成"面板中调整四个跟踪点的位置，如图10-50所示；完成上述操作，单击"分析前进"按钮可预览跟踪效果。

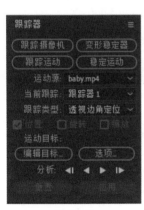

图 10-49

图 10-50

注意事项 视频中的对象移动时，常伴随灯光、周围环境以及对象角度的变化，有可能使原本明显的特征不能被识别。即使是经过精心选择的特征区域，也常常会偏离，因此，重新调整特征区域和搜索区域，改变跟踪选项，以及再次重试是创建跟踪的标准流程。

案例实战：制作电视画面跟踪动画

本案例将利用运动跟踪功能制作电视画面的跟踪效果，具体操作步骤如下。

Step 01 新建项目，导入准备好的视频素材，并基于"绿幕"素材创建合成，如图10-51所示。

图 10-51

Step 02 执行"合成"|"合成设置"命令，弹出"合成设置"对话框，设置"持续时间"为8s，如图10-52所示。单击"确定"按钮即可将素材裁剪到第8秒。

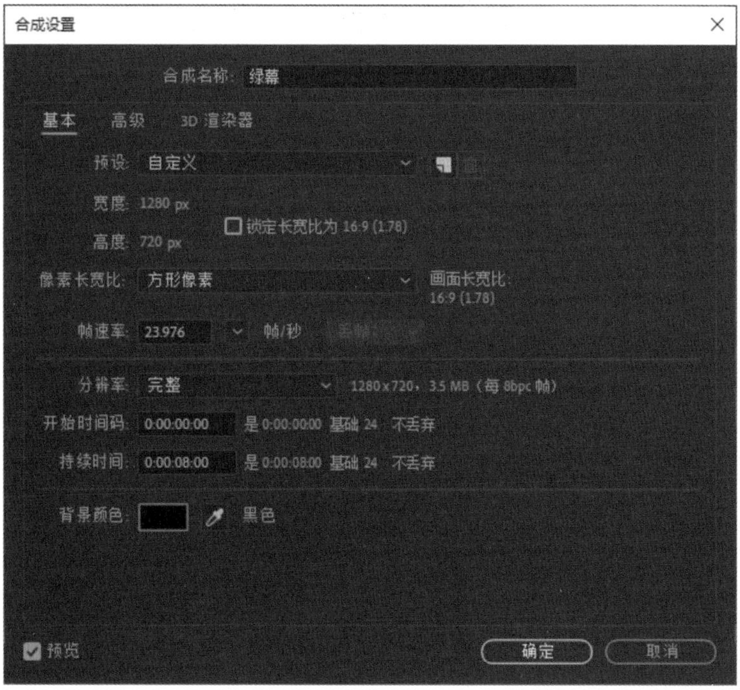

图 10-52

Step 03 将"彩色小镇"素材拖入"时间轴"面板，置于图层顶部，按Ctrl+Shift+Alt+G组合键，使素材匹配到"合成"面板，如图10-53所示。

图 10-53

Step 04 预览视频时发现"彩色小镇"素材第一帧是黑屏，因此将图层向前移动一帧，如图10-54所示。

图 10-54

Step 05 选择"绿幕"图层，在"跟踪器"面板中单击"跟踪运动"按钮，系统会切换到"图层"面板，且中心位置会出现一个跟踪点，如图10-55所示。

图 10-55

Step 06 在"跟踪器"面板中设置跟踪类型为"透视边角定位"，如图10-56所示。

Step 07 此时画面中的跟踪点变为四个，调整跟踪点的位置，如图10-57所示。

图 10-56

图 10-57

Step 08 单击"向前分析"按钮，系统会自动移动跟踪点并创建关键帧，可以看到受到视频中人物手势的影响，关键帧位置发生了偏移，如图10-58所示。

图 10-58

Step 09 按PageUp快捷键反向移动关键帧，逐帧调整跟踪点的位置，如图10-59所示。

图 10-59

Step 10 设置完毕后单击"编辑目标"按钮，弹出"运动目标"对话框，选择"彩色小镇"图层，如图10-60所示。

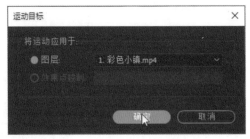

图 10-60

Step 11 单击"应用"按钮，返回"合成"面板，按空格键即可预览跟踪效果，如图10-61所示。

图 10-61